Python 机器学习实践

主　编　郝王丽　　沈媛媛

副主编　常　艳　　韩　猛　　张志东

参　编　王瑞兵　　冯　煜　　张晟旗

　　　　罗政芳　　武雅琴　　公徐路

北京理工大学出版社

BEIJING INSTITUTE OF TECHNOLOGY PRESS

内容简介

本书从实用的角度出发，介绍了如何利用 Python 实现机器学习的各种算法，包括留出法和交叉验证法、性能度量、线性模型、决策树、神经网络、支持向量机、贝叶斯分类、集成学习、聚类、降维与度量学习等算法，以及如何利用上述知识综合解决鸢尾花数据集分析、疾病预测及分类、球赛预测、航班预测、天气预测、房价预测、泰坦尼克号生存预测等问题。每章均配有数据集、代码及习题，以指导读者进行深入学习。

本书既可作为高等学校、职业院校人工智能及智能科学与技术专业的教材，也可作为人工智能开发人员的技术参考书。

图书在版编目（C I P）数据

Python 机器学习实践 / 郝王丽，沈媛媛主编. --北京：北京理工大学出版社，2023.10

ISBN 978-7-5763-3087-8

Ⅰ. ①P… Ⅱ. ①郝… ②沈… Ⅲ. ①软件工具-程序设计 ②机器学习 Ⅳ. ①TP311.561 ②TP181

中国国家版本馆 CIP 数据核字（2023）第 204268 号

责任编辑：李　薇	**文案编辑：**李　硕
责任校对：刘亚男	**责任印制：**李志强

出版发行 / 北京理工大学出版社有限责任公司

社　　址 / 北京市丰台区四合庄路 6 号

邮　　编 / 100070

电　　话 / （010）68914026（教材售后服务热线）
　　　　　　（010）68944437（课件资源服务热线）

网　　址 / http://www.bitpress.com.cn

版 印 次 / 2023 年 10 月第 1 版第 1 次印刷

印　　刷 / 河北盛世彩捷印刷有限公司

开　　本 / 787 mm×1092 mm　1/16

印　　张 / 16

字　　数 / 368 千字

定　　价 / 89.00 元

前　言

随着计算机计算能力的不断提升、大数据的迅猛发展以及深度学习的兴起，机器学习已经成为许多行业不可或缺的核心工具。作为人工智能的重要组成部分，机器学习不仅是计算机、人工智能、智能科学与技术相关专业的必修课程，而且是高等教育中非计算机专业的重要课程。通过机器学习实践项目，同学们能够将所学知识应用于真实世界的数据集，并从中获得宝贵的经验。

本书在写作模式上以应用为目的，系统、详细地介绍了机器学习实践的相关知识，并提供了丰富的代码示例和实践项目等内容，以帮助同学们深入了解机器学习算法的实际应用。全书分为两篇17章：第一篇是基础篇，包括 Python 实现留出法和交叉验证法、Python 实现性能度量、Python 实现线性模型、Python 实现决策树、Python 实现神网络、Python 实现支持向量机算法、Python 实现贝叶斯分类、Python 实现集成学习算法、Python 实现聚类、Python 实现降维与度量学习等内容；第二篇是综合实践篇，包括鸢尾花数据集分析、疾病预测及分类、球赛预测、航班预测、天气预测、房价预测、泰坦尼克号生存预测等内容。本书力求将知识传授、能力培养和素质教育结合起来，实现理论教学与实践教学的有机融合，同时在部分章节中加入了一些思政元素。本书案例丰富，可作为研究生、本科生及职业院校学生入门学习及综合训练的实践教材，根据学生层次的不同，学时安排建议为24~48学时。

本书内容通俗易懂，叙述方式简明扼要，有助于教师教学和读者自学。为了让读者能够在较短的时间内掌握本书的内容，并及时检查学习效果，巩固和加深对所学知识的理解，每章后面均附有习题及参考答案。

为了帮助教师使用本书开展教学工作，也便于读者自学，编者准备了教学辅导资源，包括各章的电子教案(PPT 文档)，以及书中实例的数据集、代码等，需要者可联系北京理工大学出版社索取。

本书由经验丰富的一线教师编写完成，其中第 1 章由常艳编写，第 2 章由张志东编写，第 3 章和第 4 章由韩猛编写，第 5 章和第 6 章由沈媛媛编写，其余章节由王瑞兵、冯煜、张晟旗、罗改芳、武雅琴、公徐路参编，郝王丽编写，全书由郝王丽统稿。在本书的编写过程中，郭倬彤、王敬蓉、师晓萌、张之玥、李青青、邹占涛、曹圣钰、赵中鸿、王锐、郭宇涵、郝一儒、原绍宸、李杰、阎睿瑶同学(排名不分先后)做了大量的工作，提供了宝贵的经验，在此一并表示感谢。另外，还要感谢北京理工大学出版社编辑的悉心策划和指导。

本教材得到山西省基础研发（202203021212444），山西省高等学校教学改革创新项目（J20220274），山西省研究生教育教学改革项目（2022YJJG094），山西省教育科学"十四五"规划项目（课题编号：GH-21006）资助与支持。

由于编者水平有限，书中难免存在疏漏和不足之处，恳请读者批评指正，以便于本书的修改和完善。如有问题，可以通过 E-mail：haowangli@ sxau.edu.cn 与编者联系。

编　者

2023 年 5 月

目　录

基础篇

综合实践篇

基础篇

第1章

Python 实现留出法和交叉验证法

章前引言

在实际应用中，我们经常会遇到模型选择的问题，一种理想的方式是依据在新样本上的误差——泛化误差来评估模型的好坏。为了获得泛化性能高的模型，就需要在训练过程中尽量学习所有潜在样本的一般性质，同时避免将训练样本的特殊性质归纳为一般性质，从而在一定程度上减少过拟合的影响。

然而泛化误差无法直接获得，因此人们引入一个新的误差——测试误差来近似表达泛化误差，以完成模型的评估与选择。通常可以将现有的数据集分为相互独立而分布相同的训练集与测试集，以测试集的测试结果模拟、评估模型在新样本中的判断能力。

本章将重点介绍划分数据集的两种常见方法——留出法、交叉验证法及其相关案例。

教学目的与要求

掌握使用留出法和交叉验证法评估机器学习模型的性能；理解留出法和交叉验证法的原理和应用场景；掌握使用 Python 实现留出法和交叉验证法的方法；熟悉 sklearn 库中相关函数的使用；了解留出法和交叉验证法的优缺点。

学习重点

1. 对留出法和交叉验证法原理的和应用场景。
2. 使用 sklearn 库中的函数实现留出法和交叉验证法。
3. 如何选择合适的划分比例和交叉验证折数。
4. 模型评估指标的选择和解释。

学习难点

1. 留出法和交叉验证法的原理理解。
2. 如何将数据集划分为训练集和测试集。

3. 如何根据项目需求选择合适的训练集和测试集比例。

4. 如何根据项目需求选择合适的 k 值。

素养目标

1. 加强实践能力，提升科学素养。

2. 培养理论与实践相结合、学以致用的正确学习观。

▶▶▶ 1.1　留出法 ▶▶ ▶

留出法直接将数据集 D 随机划分为两个互斥的部分：训练集 S 与测试集 T，即 $D = S \cup T$，$S \cap T = \varnothing$。在分割数据集 D 的过程中，需尽量保证训练集 S 与测试集 T 数据分布的一致性，避免引入额外的误差。此外，测试集的数据规模应保持在合理的区间范围内，常见做法是选择全样本数据的 $1/5 \sim 1/3$ 用于测试。

1.1.1　案例基本信息

在留出法的应用案例中，选择 sklearn 库中的鸢尾花数据集进行实践，利用留出法对数据集进行划分，案例相关知识点及详细信息描述如下。

1. 案例涉及的基本理论知识点

留出法直接将数据集 D 划分为两个互斥的集合，其中一个集合作为训练集 S，另外一个集合作为测试集 T。在训练集 S 上训练出模型后，用测试集 T 来计算测试误差，作为对泛化误差的评估，通常训练集占 70%，测试集占 30%。在训练集与测试集的划分过程中，需要注意以下两点。

(1) 尽可能保持数据分布的一致性。例如，在二分类任务中，为了保留训练集 S 与测试集 T 类别比例的一致性，可采用分层采样法。以包含 1 000 个样本数据且正、反例各占一半的数据集 D 为例，当按照 7∶3 的比例对数据集 D 进行划分时，训练集共包含 700 个样本数据，正例与反例的比例为 1∶1。同理，测试集 T 的样本数据为 300 个，正例与反例的比例为 1∶1。

(2) 需采用若干次随机划分。数据集 D 分割方式的多样性导致在分割过程中即使确定了样本分布，也无法保证不同分割方式下得到的训练集 S 与测试集 T 能输出稳定不变的结果。因此，在使用留出法时，会采用若干次的随机划分来避免单次使用留出法的不稳定性。假设随机划分的次数为 1 000，则每次划分都会产生一对训练集与测试集，并通过实验评估计算得到相应结果，在重复进行 1 000 次划分和实验后，取平均值作为留出法的结果。

2. 案例使用的平台、语言及库函数

平台：Visual Studio Code。

语言：Python。

库函数：sklearn。

1.1.2　案例设计方案

应用留出法实现鸢尾花(Iris)数据集数据的分割，具体设计方案描述如下。

1. 案例描述

本案例所采用的数据集是 sklearn 库中自带的鸢尾花数据集，直接利用 sklearn 库中的 train_test_split 函数实现对数据集的划分，并对原始数据集的自变量、因变量、划分比例、随机数等参数进行设定，将训练集中各个特征的样本均值和样本标准差进行输出。本案例技术路线图如图 1-1 所示。

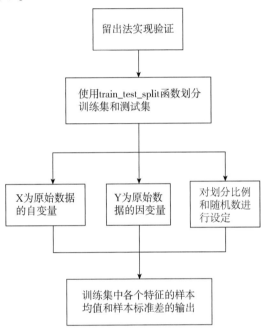

图 1-1　留出法案例技术路线图

2. 案例创新点

本案例使用留出法对数据集进行训练集与测试集的划分，按照 8∶2 的比例划分完成后，再对训练集和测试集进行自变量和因变量的划分，最终获得代码中的 train_X、test_X、train_Y、test_Y。

1.1.3　案例实现

用留出法划分鸢尾花数据集的案例实现过程如下。

1. 案例数据样例或数据集

鸢尾花数据集是常用的分类实验数据集，由罗纳德·费希尔(Rorald A. Fisher)于 1936 年收集整理。鸢尾花数据集是一类多重变量分析的数据集，其中包含 150 个数据，分为 3 类，每类包含 50 个数据，每个数据包含 4 个属性。sklearn 库附带了很多常用的数据集，在本案例中通过 from sklearn. datasets import load_iris 语句直接调用 sklearn 库中的鸢尾花数据集。

留出法数据集部分截取如图 1-2 所示。

```
120,4,setosa,versicolor,virginica
6.4,2.8,5.6,2.2,2
5.0,2.3,3.3,1.0,1
4.9,2.5,4.5,1.7,2
4.9,3.1,1.5,0.1,0
5.7,3.8,1.7,0.3,0
4.4,3.2,1.3,0.2,0
5.4,3.4,1.5,0.4,0
6.9,3.1,5.1,2.3,2
6.7,3.1,4.4,1.4,1
5.1,3.7,1.5,0.4,0
5.2,2.7,3.9,1.4,1
```

图 1-2　留出法数据集部分截取

2. 案例代码

用留出法分割鸢尾花数据集的代码如下：

```
from sklearn. model_selection import train_test_split
from sklearn. datasets import load_iris
iris=load_iris()
X,Y=iris. data,iris. target
#使用 train_test_split 函数划分训练集和测试集
train_X,test_X,train_Y,test_Y=train_test_split(
        X,Y,test_size=0. 2,random_state=0)
'''
X 为原始数据的自变量，Y 为原始数据的因变量；
train_X,test_X 是将 X 按照 8∶2 划分所得；
train_Y,test_Y 是将 X 按照 8∶2 划分所得；
test_size 是划分比例；
random_state 设置是否使用随机数
'''
print(' 训练集各个特征的样本均值为:',train_X. mean(axis=0))
print(' 训练集各个特征的样本标准差为:',train_Y. std(axis=0))
```

3. 案例结果

上述代码的运行结果如图 1-3 所示。我们可以通过观察样本均值和样本标准差的输出，来直观地了解用留出法划分鸢尾花数据集时的效果。

```
PS D:\vscode\projrct\python> & D:/python/python.exe "d:/vscode/projrct/python/
训练集各个特征的样本均值为: [5.88083333 3.05333333 3.81583333 1.23166667]
训练集各个特征的样本标准差为: 0.8306205845965747
```

图 1-3　留出法案例代码的运行结果

▶▶| 1.2　交叉验证法 ▶▶ ▶

本节主要学习划分数据集的另一种方法——交叉验证法(k 折交叉验证法)。与留出法不同，交叉验证法可将数据集 D 划分为 k 个互斥的子集，即 $D = D_1 \cup D_2 \cup \cdots \cup D_k$，$D_i \cap D_j = \varnothing (i \neq j)$。在划分数据集 D 的过程中，为避免因各子集数据分布不一致引入的误差对最终结果产生影响，需尽可能保证全部子集数据分布的相似性。此外，每个子集的数据规模也应大致相同。为最大化评估结果的稳定性，通常将 k 值设定为 5、10、20。

1.2.1　案例基本信息

在交叉验证法的应用案例中，选择 sklearn 库中的鸢尾花数据集进行实践，完成数据集的分割，案例相关知识点及详细信息描述如下。

1. 案例涉及的基本理论知识点

交叉验证法将数据集 D 划分为 k 个大小相似、分布相同的子集后，选择 $k-1$ 个子集作为训练集 S，剩下的 1 个子集作为测试集 T。按照这种方式可得到 k 组训练集与测试集，从而完成 k 组实验，将 k 组实验的结果均值作为交叉验证法的结果。若数据集 D 中包含 m 个样本，且 $k=m$，则得到一个特例——留一法。在训练集与测试集的划分过程中，需要注意以下两点。

(1)尽可能保持数据分布的一致性。可采用分层采样法完成各子集数据的采集。

(2)需采用若干次随机划分。与留出法类似，交叉验证法的评估过程依然受样本划分方式的影响，同样可采用若干次的随机划分来尽量避免划分过程中引入的额外误差。例如，10 次 10 折交叉验证法相当于按照 10 个不同的随机划分方式进行了 100 次训练与测试，并将这 100 次的测试结果取均值作为最终估计结果。

2. 案例使用的平台、语言及库函数

平台：PyCharm。

语言：Python。

库函数：sklearn。

1.2.2　案例设计方案

本小节主要对交叉验证法的步骤及其创新点进行介绍。

1. 案例描述

在本案例中，我们将使用 Python 和 sklearn 库，以实际应用的方式演示如何使用交叉验证法来评估机器学习模型的性能。为此，我们将选择 sklearn 库中的鸢尾花数据集，这是一个经典的分类问题数据集，其中包含了不同种类的鸢尾花的测量特征。

我们的目标是使用交叉验证法，将数据集划分为 k 个互斥的子集，进行 k 次实验，以评估模型的性能。本案例技术路线图如图 1-4 所示，具体步骤包括导入函数所需的部分库，调用相关函数，输出实验结果。通过这个案例，我们将了解如何正确地进行交叉验证，如何确保数据分布的一致性，以及如何使用 sklearn 库。

图1-4　交叉验证法案例技术路线图

2. 案例创新点

这个案例将帮助我们更好地理解如何使用交叉验证法来提高模型评估的准确性和鲁棒性，以便在实际机器学习项目中更好地评估模型的性能。

1.2.3 案例实现

本小节使用鸢尾花数据集，用交叉验证法对鸢尾花数据集进行处理。

1. 案例数据样例或数据集

交叉验证法数据集部分截取如图1-5所示。

```
120,4,setosa,versicolor,virginica
6.4,2.8,5.6,2.2,2
5.0,2.3,3.3,1.0,1
4.9,2.5,4.5,1.7,2
4.9,3.1,1.5,0.1,0
5.7,3.8,1.7,0.3,0
4.4,3.2,1.3,0.2,0
5.4,3.4,1.5,0.4,0
6.9,3.1,5.1,2.3,2
6.7,3.1,4.4,1.4,1
5.1,3.7,1.5,0.4,0
5.2,2.7,3.9,1.4,1
```

图1-5　交叉验证法数据集部分截取

2. 案例代码

用交叉验证法划分鸢尾花数据集的代码如下：

```python
from sklearn. model_selection import KFold
from sklearn. datasets import load_iris
data=load_iris()
kf=KFold(n_splits=5,shuffle=True,random_state=None)
count=0
for train,test in kf. split(data):
    print(' count: ',count)
    count=count+1
    #print(' % s % s' % (train,test))
    print(' train: ',train)
    print(' test: ',test)
    print(' len- train: ',len(train))
    print(' len- test: ',len(test))
```

3. 案例结果

本次案例采取 5 折交叉验证法，即通过 5 次拆分将样本划分为训练集和测试集。因为样本的数目为 8，所以会导致拆分出来的 5 份样本中会有一种或两种样本，这增加了实验的随机性，在每一次的计算中，都将该次计算中的训练集和测试集展示出来，并且告诉我们它们的长度，以及这是哪个轮次的运算。上述代码的运行结果如图 1-6 所示。

```
train: [1 2 3 4 5 6 7]
test: [0]
len-train: 7
len-test: 1
count: 4
train: [0 2 3 4 5 6 7]
test: [1]
len-train: 7
len-test: 1
```

图 1-6　交叉验证法案例代码的运行结果

本章小结

本章主要介绍了在实现现实任务时模型选择的评估方法。数据集划分方法有留出法和交叉验证法两种，本章分别讲述了这两种方法的基本理论和实现手段，这两种方法都借助一个测试集来测试学习器对新样本的判断能力，然后以测试集上的测试误差作为泛化误差的近似。当初始的数据量足够时，这两种方法都很常用，它们的优点是可以选择多次划分数据集，并将最后的结果以取平均值的方式去处理，以得到不错的效果。若遇到数据集较小、难以有效划分训练/测试集时，可以使用自助法从初始数据中产生多个不同的训练集，这会对集成学习中不同个体学习器需要不同的数据集有好处。

本章习题

1. 什么是留出法？（　　）

A. 一种评估机器学习模型性能的方法　　　B. 一种分类算法

C. 一种特征选择算法　　　　　　　　　　D. 一种集成学习算法

2. 留出法将数据集分成训练集和测试集，一般将数据集的比例设置为（　　）。

A. 50%训练集，50%测试集　　　　　　　B. 60%训练集，40%测试集

C. 90%训练集，10%测试集　　　　　　　D. 80%训练集，20%测试集

3. 什么是交叉验证法？（　　）

A. 一种评估机器学习模型性能的方法　　　B. 一种分类算法

C. 一种特征选择算法　　　　　　　　　　D. 一种集成学习算法

4. 交叉验证法将数据集分成（　　）。

A. 2 份　　　　　　　　　　　　　　　　B. 3 份

C. 5 份　　　　　　　　　　　　　　　　D. 可以任意设置

5. 在使用交叉验证法时，应该如何选择模型的最优参数？（　　）

A. 取所有交叉验证的平均值　　　　　B. 取交叉验证中表现最好的参数

C. 取交叉验证中表现最差的参数　　　D. 取任意一个交叉验证的结果

6. 留出法将数据集分成训练集和测试集，训练集用于训练模型，测试集用于评估模型性能。（判断题）

7. 留出法的优点是简单易用，但是测试集的数量较少，可能会导致模型性能评估得不够准确。（判断题）

8. 交叉验证法将数据集分成若干份，每次使用其中一份作为测试集，其他部分作为训练集，重复多次以获得更准确的模型性能评估结果。（判断题）

9. 交叉验证法的优点是可以更准确地评估模型性能，且计算成本较低。（判断题）

10. 在留出法中，测试集应该尽可能大，这样可以更准确地评估模型性能。（判断题）

11. 在交叉验证法中，k 值表示将数据集分成 k 份。（判断题）

12. 分层采样是指根据某个特征将数据集分成若干层，然后从每层中随机抽取样本。（判断题）

13. 留出法和交叉验证法都是评估机器学习模型性能的方法，请简要说明它们的不同之处。

14. 留出法中应该如何选择训练集和测试集的比例？

15. 交叉验证法中的 k 值应该如何选择？

16. 什么是分层采样？在机器学习中，它的作用是什么？

习题答案

1. A。　2. D。　3. A。　4. D。　5. B。

6. 答案：√。

7. 答案：√。

8. 答案：√。

9. 答案：×。

10. 答案：×。

11. 答案：√。

12. 答案：×。

13. 留出法将数据集分成训练集和测试集，训练集用于训练模型，测试集用于评估模型性能。而交叉验证法则将数据集分成若干份，每次使用其中一份作为测试集，其余部分作为训练集，重复多次以获得更准确的模型性能评估结果。留出法的优点是简单易用，但是测试集的数量如果较少则可能会导致模型性能评估地不够准确，而交叉验证法可以更准确地评估模型性能，但是计算成本较高。

14. 一般来说，留出法将数据集的比例设置为 80% 训练集、20% 测试集是比较常见的选择。当数据集较大时，可以考虑将比例进行适当调整，但是测试集的数量也不应过小。

15. k 值表示将数据集分成 k 份，k 值可以设置为 5 或 10，也可以根据具体情况进行调整。当数据集较小时，可以选择较小的 k 值；而当数据集较大时，可以选择较大的 k 值。

16. 分层采样是指根据某个特征将数据集分成若干层，然后从每层中按照一定比例抽取样本。在机器学习中，分层采样的作用是保证训练集和测试集中的样本在各个特征上的分布相似，避免因为训练集和测试集中的样本分布不均衡导致模型性能评估不准确。

第 2 章

Python 实现性能度量

章前引言

在机器学习领域，对模型的评估非常重要，只有选择和问题匹配的评估方法，才能快速发现算法模型或训练过程的问题，迭代地对模型进行优化。模型对未知数据的预测能力称为模型的泛化能力，它是模型最重要的性质之一。模分类问题、回归问题、序列预测问题等不同类型的机器学习问题，往往需要使用不同的指标进行评估。

第 1 章介绍了模型泛化能力的实验评估方法，本章将重点介绍模型泛化能力的评价标准，也就是性能度量。除错误率、精度这两种度量方式外，为了适配更个性化的任务需求，较常用的还有精准率、召回率、F_1 得分（F_1-Score）、真正率、假正率等度量方式，这些度量方式可以借助 PR 曲线、ROC 曲线、代价敏感曲线等进行描述。

教学目的与要求

掌握性能度量相关概念和理论；掌握模型性能度量的方法；掌握错误率、精度、精准率、召回率、F_1 得分、真正率、假正率等度量方式的含义及计算方式；掌握 PR 曲线、ROC 曲线、代价敏感曲线的绘制方法。

学习重点

1. PR 曲线的含义及实现方法。
2. ROC 曲线的含义及实现方法。
3. 计算非均等代价、代价敏感错误率，并绘制代价敏感曲线。

学习难点

1. PR 曲线的基本原理与计算方法。
2. ROC 曲线的基本原理与计算方法。
3. 计算非均等代价、代价敏感错误率。

素养目标

1. 通过多方位评估，培养创新意识、批判思维和解决问题的能力。
2. 培养完善知识结构和思维的能力，提高综合素质水平。

▶▶▶ 2.1　PR 曲线 ▶▶▶ ▶

PR(Precision Recall)曲线中的 P 代表 Precision(精准率)，R 代表 Recall(召回率)，通常将召回率设置为横坐标，精准率设置为纵坐标，这样就得到了 PR 曲线，通过 PR 曲线可以判断系统的优劣。

2.1.1　案例基本信息

在 PR 曲线的实践案例中，分别计算 F_1、TP、FP、TN、FN，并绘制 PR 曲线，案例相关知识点及详细信息描述如下。

1. 案例涉及的基本理论知识点

PR 曲线中的精准率与召回率是信息检索领域中的两个概念。

以二分类问题举例，可将样本数据集根据其真实情况及预测结果组合划分为真正例(TP)、假正例(FP)、真反例(TN)及假反例(FN)4 种类别，具体如下：

把正例正确地分类为正例，表示为 TP(True Positive)；

把反例错误地分类为正例，表示为 FP(False Positive)；

把反例正确地分类为反例，表示为 TN(True Negative)；

把正例错误地分类为反例，表示为 FN(False Negative)。

混淆矩阵如表 2-1 所示。

表 2-1　混淆矩阵

项目	预测结果	
真实情况	正例	反例
正例	TP	FN
反例	FP	TN

根据上面的描述，精准率与召回率可定义为

$$P = \frac{TP}{TP + FP} \tag{2-1}$$

$$R = \frac{TP}{TP + FN} \tag{2-2}$$

在绘制 PR 曲线的过程中，首先按照模型预测结果进行降序排列，则越靠前的样本越有可能被预测为正例，并按此顺序依次将样本纳入预测为正例的集合，剩余样本纳入预测为反例的集合，然后计算每种组合下的精准率与召回率，以其为二维坐标点，绘制得到

PR 曲线。

PR 曲线可以直观地反映模型在数据集上的精准率与召回率，此外，精准率与召回率都越大越好，所以 PR 曲线越靠近右上角代表模型性能越优。

在进行模型比较时，若模型 A 的 PR 曲线完全包住模型 B 的 PR 曲线，则可认为模型 A 的性能优于模型 B 的性能；若模型 A、B 的 PR 曲线发生交叉，则可依据曲线下方的面积大小、平衡点等方式来进行比较，但更常用的是 F_1。平衡点（BEP）是 $P = R$ 时的取值（斜率为 1），F_1 是精准率与召回率的调和平均值，F_1 越大，认为该模型的性能越好，其计算公式为

$$F_1 = \frac{2PR}{P + R} \tag{2-3}$$

2. 案例使用的平台、语言及库函数

平台：PyCharm。

语言：Python。

库函数：numpy、matplotlib。

2.1.2 案例设计方案

本小节对绘制 PR 曲线的案例描述、技术路线图等进行介绍。

1. 案例描述

绘制 PR 曲线，计算 F_1、TP、FP、TN、FN。

要绘制 PR 曲线，应先用一个模型对样本总体进行预测，得到相应的概率值；然后将概率值从高到低排序；最后从得分最高的样本开始，得到相应的 R 与 P，依次描点，画出 PR 曲线。本案例技术路线图如图 2-1 所示。

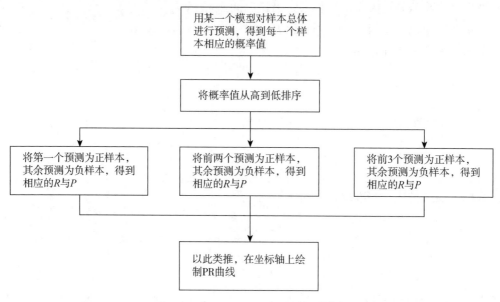

图 2-1　实现 PR 曲线案例技术路线图

2. 案例创新点

项目的数据采用一系列模型，而非单一的某一组模型，多种模型同时训练样本，可以保证在相同时间内训练更多的样本，提高其执行效率。除此之外，也可以保证实验数据更加准确、全面。

2.1.3　案例实现

本小节通过对绘制 PR 曲线所用的数据样例进行介绍，并列举代码去实现案例，以便读者能够对 PR 曲线有一个更深层次的理解。

1. 案例数据样例或数据集

本案例使用的数据集由 3 组样本构成，每组样本都含有 7 个 1 和 8 个 0(1 作为正例，0 作为反例)，分别如下。

model_1 = [1, 1, 0, 1, 0, 1, 1, 0, 0, 0, 1, 0, 0, 1, 0]

model_2 = [1, 1, 1, 1, 1, 1, 0, 0, 0, 1, 0, 0, 0, 0, 0]

model_3 = [1, 1, 0, 1, 1, 1, 1, 0, 0, 0, 1, 0, 0, 0, 0]

#model_sequence = [model_1, model_2, model_3]

model_sequence = [model_1, model_2]

2. 案例代码

在用模型预测的时候，输出的预测结果是一堆[0, 1]的数值，怎么把数值变成二分类？设置一个阈值，将大于这个阈值的值分类为 1，小于这个阈值的值分类为 0。PR 曲线就是在[0, 1]设置一堆阈值，每个阈值得到一个(P, R)对，纵轴为 P，横轴为 R，把所有的(P, R)对连起来就得到了 PR 曲线。

接下来，通过案例来演示。绘制 PR 曲线案例的代码如下：

```
#假设我们的样本是7个1和8个0。1作为正例，0作为反例
model_1=[1,1,0,1,0,1,1,0,0,0,1,0,0,1,0]
model_2=[1,1,1,1,1,1,0,0,0,1,0,0,0,0,0]
model_3=[1,1,0,1,1,1,1,0,0,0,1,0,0,0,0]
#model_sequence=[model_1,model_2,model_3]
model_sequence=[model_1,model_2]
def PNTF(model,n):    #将第几个样本之前的全部作为正例。n是从1开始的，不是从0开始的
    #print(' model_sequence: ',model_sequence)
    count=len(model)
    #print(' count: ',count)
    class_1_count=sum(model)
    #print(' class_1_count: ',class_1_count)
    class_0_count=count - class_1_count
    #print(' class_0_count: ',class_0_count)
    if (n>count) or (n<1):
        return None
```

```python
    else:
        TP=sum(model[0:n])
        FP=n-TP
        FN=class_1_count-TP
        TN=class_0_count-FP
    return TP,FN,TN,FP
def P_R(TP,FN,TN,FP):
    P=TP/(TP+FP)
    R=TP/(TP + FN)
    F1=2 *  P *  R/(P + R)
    return P,R,F1
```

28

```python
#只是用于 test
def PR_part(model,verbose=True):
    length=len(model)
    if verbose==True:
        print('把前 n 个样本作为正例进行预测')
        print(' n \t' ,' TP \t' ,' FN \t' ,' TN \t' ,' FP \t' ,' P \t       ','R \t       ',' F1 \t' )
    list_P_R_F1=[]
    for i in range(length - 1):
        TP,FN,TN,FP=PNTF(model,i + 1)
        P,R,F1=P_R(TP,FN,TN,FP)
        if verbose==True:
            print(i + 1,' \t' ,TP,' \t' ,FN,' \t' ,TN,' \t' ,FP,' \t' ,round(P,3),' \t' ,round(R,3),' \t' ,
                  round(F1,3),' \t' )
        list_P_R_F1. append([P,R,F1])
    return list_P_R_F1
import matplotlib. pyplot as plt
import numpy as np
model_count=len(model_sequence)
fig,axis=plt. subplots(model_count,figsize=(5,12))
axis=axis. ravel()
count=0
for i in range(model_count):
    list_P_R_F1=PR_part(model_sequence[i])
    array_P_R_F11=np. array(list_P_R_F1)
    P=array_P_R_F11[:,0]
    R=array_P_R_F11[:,1]
    axis[count]. plot(R,P)
    count+=1
```

57

```python
axis[0]. set_xlabel("P",fontsize=7)
```

```
axis[0]. set_ylabel("R",fontsize=7)
axis[1]. set_xlabel("P",fontsize=7)
axis[1]. set_ylabel("R",fontsize=7)
plt. show()
```

3. 案例结果

把样本组一的前 n 个样本作为正例进行预测，得到上述代码的运行结果，如图 2-2 所示。

把前n个样本作为正例进行预测

n	TP	FN	TN	FP	P	R	F1
1	1	6	8	0	1.0	0.143	0.25
2	2	5	8	0	1.0	0.286	0.444
3	2	5	7	1	0.667	0.286	0.4
4	3	4	7	1	0.75	0.429	0.545
5	3	4	6	2	0.6	0.429	0.5
6	4	3	6	2	0.667	0.571	0.615
7	5	2	6	2	0.714	0.714	0.714
8	5	2	5	3	0.625	0.714	0.667
9	5	2	4	4	0.556	0.714	0.625
10	5	2	3	5	0.5	0.714	0.588
11	6	1	3	5	0.545	0.857	0.667
12	6	1	2	6	0.5	0.857	0.632
13	6	1	1	7	0.462	0.857	0.6
14	7	0	1	7	0.5	1.0	0.667

图 2-2　绘制 PR 曲线代码的运行结果（样本组一）

得到样本组一的 PR 曲线，如图 2-3 所示。

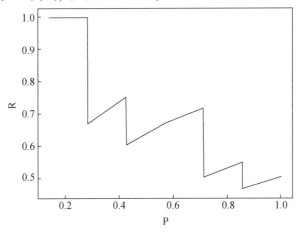

图 2-3　样本组一的 PR 曲线

把样本组二的前 n 个样本作为正例进行预测，得到上述代码的运行结果，如图 2-4 所示。

```
把前n个样本作为正例进行预测
n    TP  FN  TN  FP  P        R       F1
1    1   6   8   0   1.0      0.143   0.25
2    2   5   8   0   1.0      0.286   0.444
3    3   4   8   0   1.0      0.429   0.6
4    4   3   8   0   1.0      0.571   0.727
5    5   2   8   0   1.0      0.714   0.833
6    6   1   8   0   1.0      0.857   0.923
7    6   1   7   1   0.857    0.857   0.857
8    6   1   6   2   0.75     0.857   0.8
9    6   1   5   3   0.667    0.857   0.75
10   7   0   5   3   0.7      1.0     0.824
11   7   0   4   4   0.636    1.0     0.778
12   7   0   3   5   0.583    1.0     0.737
13   7   0   2   6   0.538    1.0     0.7
14   7   0   1   7   0.5      1.0     0.667
```

图 2-4　绘制 PR 曲线代码的运行结果（样本组二）

得到样本组二的 PR 曲线，如图 2-5 所示。

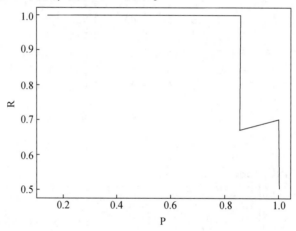

图 2-5　样本组二的 PR 曲线

▶▶| 2.2　ROC 曲线 ▶▶ ▶

按受者操作特征（Receiver Operating Characteristic，ROC）曲线最初用于信号检测理论，是二战期间为雷达信号分析所开发的。ROC 是横、纵坐标限定在 0～1 范围内的一条曲线，横坐标是假正率（False Positive Rate，*FPR*），纵坐标是真正率（True Positive Rate，*TPR*）。

2.2.1　案例基本信息

在 ROC 曲线的实践案例中，分别计算 *FPR*、*TPR*、*AUC*、L_{rank}，并绘制 ROC 曲线，案例相关知识点及详细信息描述如下。

1. 案例涉及的基本理论知识点

ROC 曲线由横、纵坐标 *FPR* 与 *TPR* 绘制得出，*FPR* 表示错误的判断为正例的概率，*TPR* 表示正确的判断为正例的概率。由前面提及的混淆矩阵可得

$$FPR = \frac{FP}{TN + FP} \qquad (2\text{-}4)$$

$$TPR = \frac{TP}{TP + FN} \qquad (2\text{-}5)$$

ROC 曲线可以直观地反映不同阈值模型 *FPR* 与 *TPR* 的权衡关系。通常，曲线的凸起程度越高，模型的性能越好。

与 PR 曲线相似，在进行模型比较时，若模型 A 的 ROC 曲线完全包住模型 B 的 ROC 曲线，则可认为模型 A 的性能优于模型 B 的性能；若模型 A、B 的 ROC 曲线发生交叉，则可依据曲线下方的面积大小，即 *AUC*（Area Under ROC Curve）来进行度量比较，*AUC* 的值越大，该模型的性能越好，当 *AUC* 的值为 1 时，表示一个完美的模型，即至少存在一个阈值可以将正例、反例完美判别。损失 L_{rank} 为 ROC 曲线之上的面积，即有

$$AUC = 1 - L_{rank} \qquad (2\text{-}6)$$

2. 案例使用的平台、语言及库函数

平台：PyCharm。

语言：Python。

库函数：numpy、matplotlib、sklearn。

2.2.2 案例设计方案

本小节对绘制 ROC 曲线的案例描述、技术路线图等进行介绍。

1. 案例描述

绘制 ROC 曲线，计算 *TPR*、*FPR*、*AUC*、L_{rank}。

若要绘制 ROC 曲线，先要对待测样本的预测结果进行降序排列，并以此为依据选择截断点；然后将样例作为正例逐个进行预测，并计算其对应的真正率和假正率；最后描点绘图。本案例技术路线图如图 2-6 所示。

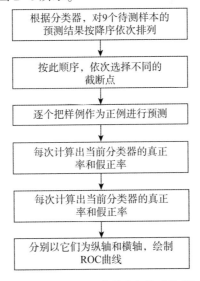

图 2-6 实现 ROC 曲线案例技术路线图

2. 案例创新点

项目的数据采用一系列模型，而非单一的某一组模型，实验数据更加准确，更加全面。除此之外，该实验所用代码简洁明了，整体逻辑严谨，大大降低了其冗余度，执行效率也显著提高。更重要的是，该项目结果重点突出，便于实验者观察数据。

2.2.3 案例实现

本小节对绘制 ROC 曲线所使用的数据样例进行介绍，并列举代码去实现案例，以便读者能够对 ROC 曲线有一个更深层次的理解。

1. 案例数据样例或数据集

本案例使用的数据集由 3 组样本构成，每组样本都含有 7 个 1 和 8 个 0(1 作为正例，0 作为反例)，分别如下。

model_1 = [1, 1, 0, 1, 0, 1, 1, 0, 0, 0, 1, 0, 0, 1, 0]
model_2 = [1, 1, 1, 1, 1, 1, 0, 0, 0, 1, 0, 0, 0, 0, 0]
model_3 = [1, 1, 0, 1, 1, 1, 1, 0, 0, 0, 1, 0, 0, 0, 0]
#model_sequence = [model_1, model_2, model_3]
model_sequence = [model_1, model_2]

2. 案例代码

与 PR 曲线类似，在绘制 ROC 曲线的过程中，需要先按照模型预测结果进行降序排列，并将分类阈值设置为最大，此时所有样本均预测为反例，即 FPR 与 TPR 全部为 0。然后将分类阈值依次设为每个样例的预测值，相当于按顺序，依次将样例纳入预测为正例的集合，剩余样例纳入预测为反例的集合，并计算每种组合下的 FPR 与 TPR，以此为二维坐标点，绘制得到 ROC 曲线。

绘制 ROC 曲线案例的代码如下：

```
#假设我们的样本是 7 个 1 和 8 个 0，1 作为正例，0 作为反例
from sklearn.metrics import auc
import pandas as pd
model_1=[1,1,0,1,0,1,1,0,0,0,1,0,0,1,0]
model_2=[1,1,1,1,1,1,0,0,0,1,0,0,0,0,0]
model_3=[1,1,0,1,1,1,1,0,0,0,1,0,0,0,0]
#model_sequence=[model_1,model_2,model_3]
model_sequence=[model_1,model_2]
def PNTF(model,n):   #将第几个样本之前的全部作为正例。n 是从 1 开始的，不是从 0 开始的
#print(' model_sequence: ',model_sequence)
count=len(model)
#print(' count: ',count)
class_1_count=sum(model)
#print(' class_1_count: ',class_1_count)
class_0_count=count- class_1_count
```

```
#print(' class_0_count: ',class_0_count)
if (n>count) or (n<1):
return None
else:
TP=sum(model[0:n])
FP=n-TP
FN=class_1_count-TP
TN=class_0_count-FP
return TP,FN,TN,FP
def ROC_TPR_FPR(TP,FN,TN,FP):
TPR=TP/(TP + FN)
FPR=FP/(TN + FP)
return TPR,FPR
def lrank(FPR,TPR):
lrank=1-auc(FPR,TPR)
return lrank
#只是用于 test
def ROC_part(model,verbose=True):
length=len(model)
if verbose==True:
print(' 把前 n 个样本作为正例进行预测')
print(' n\t',' TP\t',' FN\t',' TN\t',' FP\t',' TPR\t ',' FPR\t       ')
list_ROC_TPR_FPR=[]
for i in range(length - 1):
TP,FN,TN,FP=PNTF(model,i + 1)
TPR,FPR=ROC_TPR_FPR(TP,FN,TN,FP)
if verbose==True:
#round(P,3)----保留 3 位小数点
#' \t'--8 个空格
print(i + 1,' \t',TP,' \t',FN,' \t',TN,' \t',FP,' \t',
round(TPR,3),' \t ',FPR,' \t    ')
list_ROC_TPR_FPR. append([TPR,FPR])
return list_ROC_TPR_FPR
import matplotlib. pyplot as plt
import numpy as np
model_count=len(model_sequence)
fig,axis=plt. subplots(model_count,figsize=(5,15))
axis=axis. ravel()
count=0
for i in range(model_count):
list_ROC_TPR_FPR=ROC_part(model_sequence[i])
array_ROC_TPR_FPR=np. array(list_ROC_TPR_FPR)
TPR=array_ROC_TPR_FPR[:,0]
FPR=array_ROC_TPR_FPR[:,1]
```

```
axis[count]. plot(FPR,TPR)
count+=1
axis[0]. set_title("AUC=%. 2f"% auc(FPR,TPR),fontsize=10)
axis[0]. set_xlabel("FPR",fontsize=7)
axis[0]. set_ylabel("TPR",fontsize=7)
axis[1]. set_title("AUC=%. 2f"% auc(FPR,TPR),fontsize=10)
axis[1]. set_xlabel("FPR",fontsize=7)
axis[1]. set_ylabel("TPR",fontsize=7)
plt. show()
print("lrank1=%. 2f"% lrank(FPR,TPR))
print("lrank2=%. 2f"% lrank(FPR,TPR))
```

3. 案例结果

把样本组一的前 *n* 个样本作为正例进行预测，得到上述代码的运行结果，如图 2-7 所示。

把前n个样本作为正例进行预测

n	TP	FN	TN	FP	TPR	FPR
1	1	6	8	0	0.143	0.0
2	2	5	8	0	0.286	0.0
3	2	5	7	1	0.286	0.125
4	3	4	7	1	0.429	0.125
5	3	4	6	2	0.429	0.25
6	4	3	6	2	0.571	0.25
7	5	2	6	2	0.714	0.25
8	5	2	5	3	0.714	0.375
9	5	2	4	4	0.714	0.5
10	5	2	3	5	0.714	0.625
11	6	1	3	5	0.857	0.625
12	6	1	2	6	0.857	0.75
13	6	1	1	7	0.857	0.875
14	7	0	1	7	1.0	0.875

图 2-7　绘制 ROC 曲线代码的运行结果(样本组一)

得到样本组一的 ROC 曲线，如图 2-8 所示。

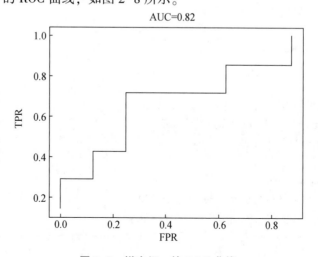

图 2-8　样本组一的 ROC 曲线

把样本组二的前 n 个样本作为正例进行预测，得到上述代码的运行结果，如图 2-9 所示。

```
把前n个样本作为正例进行预测
n    TP  FN  TN  FP  TPR    FPR
1    1   6   8   0   0.143  0.0
2    2   5   8   0   0.286  0.0
3    3   4   8   0   0.429  0.0
4    4   3   8   0   0.571  0.0
5    5   2   8   0   0.714  0.0
6    6   1   8   0   0.857  0.0
7    6   1   7   1   0.857  0.125
8    6   1   6   2   0.857  0.25
9    6   1   5   3   0.857  0.375
10   7   0   5   3   1.0    0.375
11   7   0   4   4   1.0    0.5
12   7   0   3   5   1.0    0.625
13   7   0   2   6   1.0    0.75
14   7   0   1   7   1.0    0.875
```

图 2-9　绘制 ROC 曲线代码的运行结果(样本组二)

得到样本组二的 ROC 曲线，如图 2-10 所示。

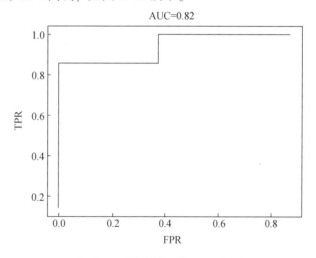

图 2-10　样本组二的 ROC 曲线

▶▶|2.3　非均等代价 ▶▶ ▶

前面提及的性能度量方式都默认模型将正例误判为反例的代价与将反例误判为正例的代价相同，但在实际任务中，不同的错误会造成不同的影响。为了衡量不同错误所造成的不同损失，可根据分类的类别重要程度，为错误赋予"非均等代价"来最小化总体代价，期望总体代价越小，模型的泛化能力越强。

2.3.1 案例基本信息

在本案例中，主要计算非均等代价、代价敏感错误率，并绘制代价敏感曲线，案例相关知识点及详细信息描述如下。

1. 案例涉及的基本理论知识点

以二分类任务为例，可依据任务相关领域背景知识得出一个代价矩阵（Cost Matrix），$cost_{01}$表示将第0类预测为第1类对应的损失，$cost_{10}$表示将第1类预测为第0类对应的损失。代价矩阵通过$cost_{ij}$描述了错误的影响程度，如表2-2所示。

表2-2 代价矩阵

项目	预测结果	
真实类别	第0类	第1类
第0类	0	$cost_{01}$
第1类	$cost_{10}$	0

假定第0类为正例，第1类为反例，D代表全样本数据集，D^+为正例数据集，D^-为反例数据集，则可得出代价敏感错误率的计算公式为

$$E(f;\ D;\ cost) = \frac{1}{m} \times \Big(\sum_{x_i \in D^+} \| (f(x_i)\,!=y_i) \times cost_{01} +$$

$$\sum_{x_i \in D^-} \| (f(x_i)\,!==y_i) \times cost_{10} \Big) \tag{2-7}$$

在考虑非均等代价的情况下，用常规的度量方式，ROC曲线不能直接反映出模型的情况，通常采用代价敏感曲线来表述模型的期望总体代价。代价敏感曲线的横轴为正例率代价，正例率代价的计算公式如下（其中p表示样例为正例的概率）：

$$p(+)_{cost} = \frac{p \times cost_{01}}{p \times cost_{01} + (1-p) \times cost_{10}} \tag{2-8}$$

代价敏感曲线的纵轴是归一化代价，其计算公式如下［其中$FNR(FNR=1-TPR)$是假反率，FPR是假正率］

$$cost_{norm} = \frac{FNR \times p \times cost_{01} + FPR \times (1-p) \times cost_{10}}{p \times cost_{01} + (1-p) \times cost_{10}} \tag{2-9}$$

代价敏感曲线的绘制需要借助ROC曲线来完成。取ROC曲线上的一点，可计算相应的FNR、FPR，由上述公式发现，当FNR、FPR已知时，归一化代价是一条随正例率变化的直线，因此ROC曲线上的每一点对应了代价平面上的一条线段，这条线段就是代价敏感曲线，线段下的面积表示了该条件下的期望总体代价。将ROC曲线上的点表示为(FPR, TPR)，则映射到代价平面上的规则为绘制一条起点是$(0, FPR)$、终点是$(1, FNR)$的线段。按照这个规则，将ROC曲线上的每一点映射为代价平面的线段，取所有线段的下界，交集即为全部条件下模型的期望总体代价。代价敏感曲线与期望总体代价如图2-11所示。

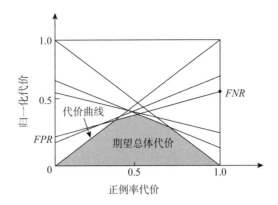

图 2-11　代价敏感曲线与期望总体代价

2. 案例使用的平台、语言及库函数

平台：PyCharm。

语言：Python。

库函数：numpy、matplotlib、sklearn。

2.3.2　案例设计方案

本小节对绘制代价敏感曲线的案例描述、技术路线图等进行介绍。

1. 案例描述

计算非均等代价、代价敏感错误率，画出代价敏感曲线。

要得到代价敏感曲线，应先根据 ROC 曲线上的每一点计算出相应的 FNR；然后在代价平面上绘制一条从 $(0, FPR)$ 到 $(1, FNR)$ 的线段；最后根据相应的公式求出 FNR，即可绘制出代价敏感曲线。本案例技术路线图如图 2-12 所示。

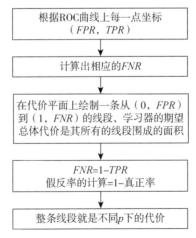

图 2-12　实现代价敏感曲线案例技术路线图

2. 案例创新点

项目的数据采用一系列模型，而非单一的某一组模型，实验数据更加准确、全面。除此之外，该实验所用代码简洁明了，整体逻辑严谨，大大降低了其冗余度，执行效率也显著提高。更为重要的是，该项目结果重点突出，便于实验者观察数据。

2.3.3 案例实现

本小节通过对绘制代价敏感曲线所使用的数据样例进行介绍，并列举代码去实现案例，以便读者能够对代价敏感曲线有一个更深层次的理解。

1. 案例数据样例或数据集

本案例使用的数据集由 3 组样本构成，每组样本都含有 7 个 1 和 8 个 0(1 作为正例，0 作为反例)，分别如下。

model_1 = [1, 1, 0, 1, 0, 1, 1, 0, 0, 0, 1, 0, 0, 1, 0]

model_2 = [1, 1, 1, 1, 1, 1, 0, 0, 0, 1, 0, 0, 0, 0, 0]

model_3 = [1, 1, 0, 1, 1, 1, 1, 0, 0, 0, 1, 0, 0, 0, 0]

#model_sequence = [model_1, model_2, model_3]

model_sequence = [model_1, model_2]

2. 案例代码

2.3.1 小节中介绍了代价敏感曲线的绘制需要借助 ROC 曲线来完成，故此处不再赘述。

非均等代价案例的代码如下：

```
#假设我们的样本是 7 个 1 和 8 个 0，1 作为正例，0 作为负例
model_1 = [1,1,0,1,0,1,1,0,0,0,1,0,0,1,0]
model_2 = [1,1,1,1,1,1,0,0,0,1,0,0,0,0,0]
model_3 = [1,1,0,1,1,1,1,0,0,0,1,0,0,0,0]
#model_sequence = [model_1,model_2,model_3]
model_sequence = [model_1,model_2]
def PNTF(model,n):   #将第几个样本之前的全部作为正例。n 是从 1 开始的，不是从 0 开始的
#print(' model_sequence: ',model_sequence)
count = len(model)
#print(' count: ',count)
class_1_count = sum(model)
#print(' class_1_count: ',class_1_count)
class_0_count = count - class_1_count
#print(' class_0_count: ',class_0_count)
if (n > count) or (n < 1):
return None
else:
TP = sum(model[0:n])
FP = n-TP
```

```python
FN=class_1_count-TP

TN=class_0_count-FP

return TP,FN,TN,FP

def cost_curve_FPR_FNR(TP,FN,TN,FP):

TPR=TP/(TP+FN)

FNR=1-TPR    #假反率

FPR=FP/(TN + FP)

return FPR,FNR

#只是用于 test

def Cost_Curve_public_part(model,verbose=True):

length=len(model)

if verbose==True:

print(' 把前 n 个样本作为正例进行预测')

print(' n\t',' TP\t',' FN\t',' TN\t',' FP\t',' FPR\t ',' FNR' )

list_cost_curve_FPR_FNR=[]

for i in range(length - 1):

TP,FN,TN,FP=PNTF(model,i + 1)

FPR,FNR=cost_curve_FPR_FNR(TP,FN,TN,FP)

if verbose==True:

#round(P,3)- - - - 保留 3 位小数点

#' \t' - - 8 个空格

print(i + 1,' \t',TP,' \t' ,FN,' \t',TN,' \t',FP,' \t',FPR,' \t ',round(FNR,3))

list_cost_curve_FPR_FNR. append([FPR,FNR])

return list_cost_curve_FPR_FNR

import matplotlib. pyplot as plt

import numpy as np

model_count=len(model_sequence)

fig,axis=plt. subplots(model_count,figsize=(5,10))

axis=axis. ravel()

count=0

for i in range(model_count):

list_cost_curve_FPR_FNR=Cost_Curve_public_part(model_sequence[i])

array_cost_curve_FPR_FNR=np. array(list_cost_curve_FPR_FNR)

FPR=array_cost_curve_FPR_FNR[:,0]

FNR=array_cost_curve_FPR_FNR[:,1]

for j in range(len(FPR)):

axis[count]. plot((0,1),(FPR[j],FNR[j]),' b' )

count+=1

axis[0]. set_xlabel("FPR",fontsize=7)
```

```
axis[0]. set_ylabel("FNR",fontsize=7)
axis[1]. set_xlabel("FPR",fontsize=7)
axis[1]. set_ylabel("FNR",fontsize=7)
plt. show()
```

3. 案例结果

把样本组一的前 n 个样本作为正例进行预测，得到上述代码的运行结果，如图 2-13 所示。

把前n个样本作为正例进行预测

n	TP	FN	TN	FP	FPR	FNR
1	1	6	8	0	0.0	0.857
2	2	5	8	0	0.0	0.714
3	2	5	7	1	0.125	0.714
4	3	4	7	1	0.125	0.571
5	3	4	6	2	0.25	0.571
6	4	3	6	2	0.25	0.429
7	5	2	6	2	0.25	0.286
8	5	2	5	3	0.375	0.286
9	5	2	4	4	0.5	0.286
10	5	2	3	5	0.625	0.286
11	6	1	3	5	0.625	0.143
12	6	1	2	6	0.75	0.143
13	6	1	1	7	0.875	0.143
14	7	0	1	7	0.875	0.0

图 2-13 实现代价敏感曲线代码的运行结果(样本组一)

得到样本组一的代价敏感曲线，如图 2-14 所示。

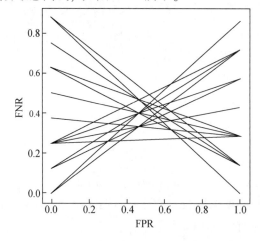

图 2-14 样本组一的代价敏感曲线

把样本组二的前 n 个样本作为正例进行预测，得到上述代码的运行结果，如图 2-15 所示。

把前n个样本作为正例进行预测

n	TP	FN	TN	FP	FPR	FNR
1	1	6	8	0	0.0	0.857
2	2	5	8	0	0.0	0.714
3	3	4	8	0	0.0	0.571
4	4	3	8	0	0.0	0.429
5	5	2	8	0	0.0	0.286
6	6	1	8	0	0.0	0.143
7	6	1	7	1	0.125	0.143
8	6	1	6	2	0.25	0.143
9	6	1	5	3	0.375	0.143
10	7	0	5	3	0.375	0.0
11	7	0	4	4	0.5	0.0
12	7	0	3	5	0.625	0.0
13	7	0	2	6	0.75	0.0
14	7	0	1	7	0.875	0.0

图 2-15　实现代价敏感曲线代码的运行结果（样本组二）

得到样本组二的代价敏感曲线，如图 2-16 所示。

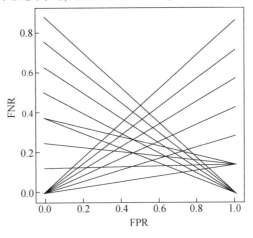

图 2-16　样本组二的代价敏感曲线

本章小结

　　本章主要介绍模型的性能度量方法，介绍了 PR 曲线、ROC 曲线、代价敏感曲线的概念解释以及案例实现。PR 曲线可以直观地显示出模型在样本总体上的查全率、查准率，ROC 曲线则可以代表一般情况下泛化性能的优劣，代价敏感曲线可显示在所有条件下模型的期望总体代价。总之，3 种曲线和其包含的不同指标都在某一方面对模型的性能做出了评价。

本章习题

1. ROC 是横、纵坐标限定在（　　　）范围内的一条曲线。

A. 0～1　　　　　　B. 0～0.1　　　　　　C. 0～5　　　　　　D. −1～1

2. PR 曲线是用来描述分类算法在不同阈值下的表现情况的曲线，其中 P 指的是(　　)。

A. 正确率　　　　　B. 召回率　　　　　C. 精准率　　　　　D. 覆盖率

3. 在 Python 中，可以使用(　　)库来绘制 PR 曲线和 ROC 曲线。

A. matplotlib　　　B. pandas　　　　　C. numpy　　　　　D. sklearn

4. 在绘制代价敏感曲线时，可以用(　　)表示分类器在不同代价下的性能。

A. ROC 曲线　　　　　　　　　　　　　B. PR 曲线

C. 代价敏感矩阵　　　　　　　　　　　D. 混淆矩阵

5. ROC 曲线的横轴和纵轴分别表示假正率和真正率。(判断题)

6. 一般来说，ROC 曲线下方的面积越大，分类器的性能越好。(判断题)

7. 代价敏感曲线是一种用于可视化代价敏感学习算法性能的曲线。(判断题)

8. 代价敏感曲线可以同时展示多种不同代价的情况。(判断题)

9. 简单描述代价敏感曲线的绘制方法。

习题答案

1. A。　2. C。　3. D。　4. C。

5. ×。　6. √。　7. √。　8. √。

9. 代价敏感曲线的绘制需要借助 ROC 曲线来完成。设 ROC 曲线上一点的坐标为 (FPR, TPR)，则可相应计算出 FNR，然后在代价平面上绘制一条从 (0, FPR) 到 (1, FNR) 的线段，线段下的面积即表示了该条件下的期望总体代价；如此将 ROC 曲线上的每一点转化为代价平面上的一条线段，然后取所有线段的下界，围成的面积即为在所有条件下学习器的期望总体代价。

第 3 章

Python 实现线性模型

📖 章前引言

　　线性模型(Linear Model)是一类统计模型的总称，其形式简单、易于建模，具有良好的可解释性，因此在生物、医学、经济、管理等领域有着广泛的应用。例如，在同一城区根据房屋面积预测房价，根据人均 GDP 预测人均寿命。本章将重点介绍几种经典的线性模型，如线性回归、对数回归、逻辑回归等。若一个样本有 d 个特征，w 表示每个特征的重要程度，b 为偏置系数，则其线性模型可描述为

$$f(\boldsymbol{x}) = w_1x_1 + w_2x_2 + \cdots + w_dx_d + b \tag{3-1}$$

📖 教学目的与要求

　　掌握线性模型的基本概念和原理；掌握最小二乘法和梯度下降法的用法；掌握 Python 中相关库函数的用法；掌握使用 Python 实现线性回归、对数回归、逻辑回归建模的方法；学会应用所学知识解决实际问题。

📖 学习重点

1. 线性回归、对数回归和逻辑回归模型的假设与定义。
2. 线性回归、对数回归和逻辑回归模型的建模过程和优化算法。
3. 线性回归、对数回归和逻辑回归模型的性能评估，包括交叉验证及调参技术。
4. Python 中相关的库和工具的使用，如 numpy、pandas 和 sklearn 等。
5. 案例学习：线性模型在实际生活中的应用。

📖 学习难点

1. 线性模型涉及矩阵和向量的运算，需要掌握一定的线性代数知识，如多项式拟合、矩阵运算、向量计算等。
2. 线性模型的优化是实现线性模型的一个难点。优化的目标是最小化损失函数，即

使模型的预测结果与真实结果之间的误差最小化。优化算法包括梯度下降、牛顿法、拟牛顿法等，需要选择适当的优化算法和参数，以提高模型的收敛速度和精度。

3. Python 中常用库函数的使用。本章内容涉及 Python 中 numpy、pandas 和 sklearn 等多个库函数的使用，要求能够熟练掌握这些库函数的使用方法。由于这些库函数在机器学习领域中应用广泛，因此熟练掌握它们的使用方法对后续学习也是非常重要的。

素养目标

1. 培养认识抽象理论的重要性，并重视理论学习。
2. 将技术与社会、人文联系起来，培养创新意识和社会责任感。

▶▶▶ 3.1　线性回归模型 ▶▶▶

线性回归(Linear Regression)模型是一种确定自变量与因变量之间相关关系的数学回归模型，依据自变量个数是否唯一，可划分为一元线性回归模型与多元线性回归模型。若数据集 $D = \{(x_1, y_1), (x_2, y_2), \cdots, (x_m, y_m)\}$，则训练学习器获得线性回归模型后，可用其尽可能准确地预测实值输出标记，例如对于样例(x, y)，期望模型的预测值无限逼近真实标记 y。

3.1.1　案例基本信息

在线性回归模型的应用案例中，基于鸢尾花数据集进行实践，案例相关知识点及详细信息描述如下。

1. 案例涉及的基本理论知识点

关于"回归"最简单的定义是，给出一个点集 D，用一个函数去拟合这个点集，并且使点集与拟合函数间的误差最小。如果这个函数的曲线是一条直线，就称为线性回归；如果这个函数的曲线是一条二次曲线，就称为二次回归。因此，建立线性回归模型的目的是寻找一条直线来很好地拟合这些点。依据上面的描述，可将线性回归模型简写为

$$f(\boldsymbol{x}) = \boldsymbol{w}^{\mathrm{T}}\boldsymbol{x} + b \tag{3-2}$$

假设(x_i, y_i)已知，寻找最佳拟合直线的过程，就是寻找最佳 $\boldsymbol{w}$ 和 b 的过程。通常可以利用均方误差来衡量 $f(\boldsymbol{x})$ 与 y 之间的差别，即可利用最小二乘法来保障所有点到直线上的欧氏距离的和最小，从而实现最佳拟合。

2. 案例使用的平台、语言及库函数

平台：PyCharm。

语言：Python。

库函数：numpy、pandas、sklearn、matplotlib、inv。

3.1.2　案例设计方案

本小节对线性回归模型案例的设计方案、案例描述及技术路线图等进行了介绍。

1. 案例描述

使用线性回归对鸢尾花数据集进行预测分析。

先导入鸢尾花数据集,该数据集包含 150 个数据,其中共有 50 条山鸢尾(Iris-setosa)、50 条变色鸢尾(Iris-versicolour)和 50 条维吉尼亚鸢尾(Iris-virginica);然后提取数据集中的花瓣宽度与花瓣长度数据,将数据集拆分成训练集(本案例选取数据的80%为训练集)、测试集,也就是将花瓣数据分为训练数据与测试数据,训练数据用于训练线性回归模型,测试数据用于检测模型的准确率;最后对模型进行训练,并进行数据预测,得到结果。本案例技术路线图如图 3-1 所示。

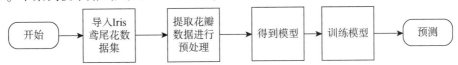

图 3-1 线性回归模型案例技术路线图

2. 案例创新点

分别采用最小二乘法和梯度下降法对数据进行处理,并进行对比。

3.1.3 案例实现

本小节通过对线性回归模型所使用的数据样例进行介绍,并列举代码去实现案例,以便读者能够对线性回归模型有一个更深层次的理解。

1. 案例数据样例或数据集

鸢尾花数据集是一个经典数据集,在统计学习和机器学习领域中经常被用作示例。该数据集内包含 3 类共 150 个数据,每类各 50 个数据,每个数据都有 4 个属性:花萼长度、花萼宽度、花瓣长度、花瓣宽度。利用这 4 个属性,可以对鸢尾花进行品种分类,将其归为 Iris-setosa、Iris-versicolour、Iris-virginica 中的某一品种。使用以下代码导入鸢尾花数据集:

import pandas as pd iris=pd. read_csv("iris. csv");

线型回归模型案例数据集部分截取如图 3-2 所示。

```
"","Sepal.Length","Sepal.Width","Petal.Length","Petal.Width","Species"
"1",5.1,3.5,1.4,0.2,"setosa"
"2",4.9,3,1.4,0.2,"setosa"
"3",4.7,3.2,1.3,0.2,"setosa"
"4",4.6,3.1,1.5,0.2,"setosa"
"5",5,3.6,1.4,0.2,"setosa"
"6",5.4,3.9,1.7,0.4,"setosa"
"7",4.6,3.4,1.4,0.3,"setosa"
"8",5,3.4,1.5,0.2,"setosa"
"9",4.4,2.9,1.4,0.2,"setosa"
"10",4.9,3.1,1.5,0.1,"setosa"
"11",5.4,3.7,1.5,0.2,"setosa"
"12",4.8,3.4,1.6,0.2,"setosa"
"13",4.8,3,1.4,0.1,"setosa"
```

图 3-2 线性回归模型案例数据集部分截取

2. 案例代码

用鸢尾花数据集进行实验,并用最小二乘法和梯度下降法来进行数据集的训练与预测，将花瓣数据分为训练数据与测试数据，训练数据用于训练线性回归模型，测试数据用于检测模型的准确率。对模型进行训练，并进行数据预测，得到结果。线性回归模型案例的代码如下：

```python
import numpy as np
import pandas as pd
from numpy. linalg import inv
from numpy import dot
from sklearn. model_ selection import train_ test_ split
import matplotlib. pyplot as plt
from sklearn import linear_ model
#最小二乘法
def lms(x_train,y_train,x_test):
    theta_n=dot(dot(inv(dot(x_train. T,x_train)),x_train. T),y_train) #theta=(X' X)^(-1)X' Y
    #print(theta_n)
    y_pre=dot(x_test,theta_n)
    mse=np. average((y_test-y_pre)* * 2)
    #print(len(y_pre))
    #print(mse)
    return theta_n,y_pre,mse
#梯度下降法
def train(x_train,y_train,num,alpha,m,n):
    beta=np. ones(n)
    for i in range(num):
        h=np. dot(x_train,beta)         #计算预测值
        error=h - y_train. T            #计算预测值与训练集的差值
        delt=2* alpha *  np. dot(error,x_train)/m #计算参数的梯度变化值
        beta=beta - delt
        #print(' error' ,error)
    return beta
if __name__=="__main__":
    #输入，预处理
    iris=pd. read_csv(' iris. csv' )
    iris[' Bias' ]=float(1)
    x=iris[[' Sepal. Width' ,' Petal. Length' ,' Petal. Width' ,' Bias' ]]
    y=iris[' Sepal. Length' ]#前一行的3个属性预测 length
    x_train,x_test,y_train,y_test=train_test_split(x,y,test_size=0. 2,random_state=5)#数据80%为训练集
    t=np. arange(len(x_test))
    m,n=np. shape(x_train)
    #Leastsquare 最小二乘法
    theta_n,y_pre,mse=lms(x_train,y_train,x_test)#训练集的输入和输出，测试数据
    #plt. plot(t,y_test,label=' Test' )
    #plt. plot(t,y_pre,label=' Predict' )
```

```
#plt. show()
#GradientDescent
beta=train(x_train,y_train,1000,0. 001,m,n)
y_predict=np. dot(x_test,beta. T)
#plt. plot(t,y_predict)
#plt. plot(t,y_test)
#plt. show()
#sklearn
#先得到模型，再训练模型，最后预测模型
regr=linear_model. LinearRegression()
regr. fit(x_train,y_train)
y_p=regr. predict(x_test)
print(regr. coef_,theta_n,beta)
l1,=plt. plot(t,y_predict)
l2,=plt. plot(t,y_p)
l3,=plt. plot(t,y_pre)
l4,=plt. plot(t,y_test)
plt. legend(handles=[l1,l2,l3,l4 ],labels=[' GradientDescent' ,' sklearn' ,' Leastsquare' ,' True' ],loc=' best' )
plt. show()
```

3. 案例结果

上述代码的运行结果如图 3-3 所示，结果曲线图中的蓝色和绿色代表本次的预测数据，其中蓝色为梯度下降法（Gradient Descent）的预测结果，绿色为最小二乘法（Leastsquare）的预测结果，红色为测试集数据的真实情况，比对后发现，两种方法所得结果相似。读者请扫二维码看本图的彩色效果。

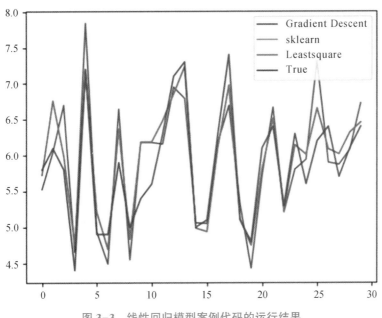

图 3-3 彩色效果

图 3-3 线性回归模型案例代码的运行结果

▶▶|3.2 对数回归模型 ▶▶ ▶

线性回归模型的预测值可以尽量逼近样本的真实标记 y，那可否令模型的预测值逼近 y 的衍生物呢？假设 y 的衍生物是 y 的对数 $\ln y$，这样就得到了对数回归（Logarithm Regression）模型，也就是将模型输出的预测值逼近 $\ln y$ 而非 y。

3.2.1 案例基本信息

在对数回归模型的实践案例中，依然采用鸢尾花数据集，案例相关知识点及详细信息描述如下。

1. 案例涉及的基本理论知识点

对数回归模型的数学公式可描述为

$$\ln y = \boldsymbol{w}^{\mathrm{T}}\boldsymbol{x} + b \tag{3-3}$$

对上式进行变换得 $y = e^{\boldsymbol{w}^{\mathrm{T}}\boldsymbol{x}+b}$，即试图让 $e^{\boldsymbol{w}^{\mathrm{T}}\boldsymbol{x}+b}$ 无限逼近真实标记 y。逻辑回归模型中，因为对数函数具有良好的可变换特性，所以能够借助对数函数将线性关系转化为指数关系，实现输入、输出的从线性映射到非线性函数映射的演化。

2. 案例使用的平台、语言及库函数

平台：Visual Studio Code。

语言：Python。

库函数：numpy、pandas、sklearn、matplotlib。

3.2.2 案例设计方案

本小节对对数回归模型案例的设计方案、案例描述、技术路线图等进行了介绍。

1. 案例描述

本案例导入鸢尾花数据集，加载数据后提取数据集中花瓣宽度与花瓣长度数据，将数据集拆分成训练集、测试集（本案例选取数据的 70% 为训练集、30% 为测试集），也就是将花瓣数据分为训练数据与测试数据，训练数据用于训练对数回归模型，在标准化特征值后对模型进行训练，并进行最后的数据预测，得到结果。通过使用对数回归方式，对鸢尾花数据集进行预测分析。本案例技术路线图如图 3-4 所示。

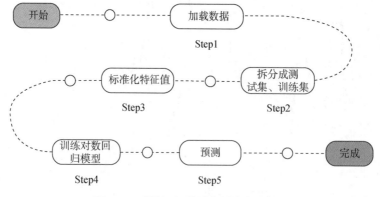

图 3-4 对数回归模型案例技术路线图

2. 案例创新点

采用这种算法具有简单、计算量小、需要的存储资源少的优点。

3.2.3　案例实现

本小节对对数回归模型使用的数据样例进行了介绍，并且列举相应代码实现案例，旨在帮助读者更深入地理解对数回归模型。

1. 案例数据样例或数据集

鸢尾花数据集是一个经典数据集，在统计学习和机器学习领域经常被用作示例。该数据集内包含 3 类共 150 个数据，每类各 50 个数据，每个数据都有 4 个属性：花萼长度、花萼宽度、花瓣长度、花瓣宽度。利用这 4 个属性，可以对鸢尾花进行品种分类，将其归为 Iris-setosa、Iris-versicolour、Iris-virginica 中的某一品种。使用以下代码导入鸢尾花数据集：

```
from sklearn import datasets iris＝datasets. load_iris( );
```

对数回归模型案例数据集部分截取如图 3-5 所示。

```
"","Sepal.Length","Sepal.Width","Petal.Length","Petal.Width","Species"
"1",5.1,3.5,1.4,0.2,"setosa"
"2",4.9,3,1.4,0.2,"setosa"
"3",4.7,3.2,1.3,0.2,"setosa"
"4",4.6,3.1,1.5,0.2,"setosa"
"5",5,3.6,1.4,0.2,"setosa"
"6",5.4,3.9,1.7,0.4,"setosa"
"7",4.6,3.4,1.4,0.3,"setosa"
"8",5,3.4,1.5,0.2,"setosa"
"9",4.4,2.9,1.4,0.2,"setosa"
"10",4.9,3.1,1.5,0.1,"setosa"
"11",5.4,3.7,1.5,0.2,"setosa"
"12",4.8,3.4,1.6,0.2,"setosa"
"13",4.8,3,1.4,0.1,"setosa"
```

图 3-5　对数回归模型案例数据集部分截取

2. 案例代码

本实验采用鸢尾花数据集作为样本数据。先加载数据集，并选取其中前两个特征作为模型输入，将花瓣数据拆分为训练数据和测试数据，对特征值进行标准化处理，同时对训练集和测试集的数据进行归一化；然后测试数据用于评估模型的准确率；最后对回归模型进行训练，并进行数据预测，得到结果。代码如下：

```
import numpy as np
from sklearn import linear_model,datasets
from sklearn. model_selection import train_test_split
#加载数据
iris＝datasets. load_iris()
X＝iris. data[:,:2]　#使用前两个特征
Y＝iris. target
#np. unique(Y)
#out: array([0,1,2])
```

```
#拆分成测试集、训练集
X_train,X_test,Y_train,Y_test=train_test_split(X,Y,test_size=0.3,random_state=0)#训练集70%
#设置随机数种子，以便比较结果
#标准化特征值
from sklearn.preprocessing import StandardScaler#数据标准化
sc=StandardScaler()
sc.fit(X_train)
X_train_std=sc.transform(X_train)
X_test_std=sc.transform(X_test)#训练集和测试集都归一化
#训练对数回归模型
logreg=linear_model.LogisticRegression(C=1e5)
logreg.fit(X_train,Y_train)
#预测
prepro=logreg.predict_proba(X_test_std)
acc=logreg.score(X_test_std,Y_test)
print(acc)
```

3. 案例结果

本案例先划分了测试集与数据集，然后对数据集测试进行了预测，最后计算并显示了对数回归模型经训练后的预测结果 35.6%，如图 3-6 所示。

```
"D:\Python\python.exe" D:\PyCharm 2021.2.3\3_2.py
0.35555555555555557
```

图 3-6　对数回归模型案例代码的运行结果

▶▶ | 3.3　逻辑回归模型 ▶▶ ▶

逻辑回归(Logistic Regression)简称对率回归，主要用于**分类任务**。逻辑回归模型可输出一个样本属于某个类别的近似概率，借助 sigmoid 函数实现类别标记 y 与模型预测值的关联。

3.3.1　案例基本信息

逻辑回归模型案例相关知识点及详细信息描述如下。

1. 案例涉及的基本理论知识点

逻辑回归模型本质上解决的是分类问题而不是回归问题。在线性回归 $f(x) = w^{\mathrm{T}}x + b$ 模型中，预测值 $f(x)$ 通常是一个具体的实值，而在基本的二分类场景中，则需要将模型输出转换为 0/1 标记。因此，我们将产生的预测实值转换为 0/1 值，而不是去逼近真实标记 y。考虑取值范围为(0，1)的概率值，单调可微的 sigmoid 函数便是实现本案例的不二之选。

sigmoid 函数的表达式为 $y = \dfrac{1}{1 + e^{-(z)}}$，将 $f(x) = w^{\mathrm{T}}x + b$ 代入得

$$y = \frac{1}{1 + e^{-(w^{\mathrm{T}}x+b)}} \qquad (3-4)$$

进行对数形式变换后可得

$$\ln \frac{y}{1-y} = w^{\mathrm{T}}x + b \qquad (3-5)$$

若将 y 看作测试样本 x 为正例的概率，则 $1-y$ 表示测试样本 x 为反例的概率，两者的比值称为"几率"，其描述了测试样本 x 作为正例的相对可能性，当比值大于 1 时，表明样本 x 为正例的可能性相对更大。对"几率"取对数则得到"对数几率"。

通常可以利用极大似然法来求解最优 w 与 b。

2. 案例使用的平台、语言及库函数

平台：Visual Studio Code。

语言：Python。

库函数：numpy。

3.3.2 案例设计方案

本小节对逻辑回归模型案例的设计方案、案例描述及技术路线图等进行了介绍，旨在帮助读者更深入地了解该案例的实现过程。

1. 案例描述

导入想求解的数据，进行预处理迭代并分析预测更新正确率。

首先导入马疝病数据集，该数据集的最后一列是标签列，表示马的类别：1 为仍存活，0 为未能存活。此时数据集无须拆分，直接分别导入训练集和测试集，训练数据用于训练逻辑回归模型。经过数据预处理后，对模型进行迭代训练，利用梯度下降法对数据进行优化，并得到最终的预测结果以更新正确率。本案例技术路线图如图 3-7 所示。

图 3-7　逻辑回归模型案例技术路线图

2. 案例创新点

该算法直接对分类概率进行建模，无须预先假设数据分布。除预测类别外，还可以近似计算出概率值。由于其目标函数为任意阶可导的凸函数，因此可以用多种数值优化算法来求解最优解，如牛顿法、拟牛顿法等。

3.3.3 案例实现

本小节通过对逻辑回归模型使用的数据样例进行介绍，并列举相应代码实现案例，旨在帮助读者更深入地理解逻辑回归模型。

1. 案例数据样例或数据集

本案例使用了马疝病数据集：连续数据，二分类。使用的数据集包含训练集 horseColic-Training. txt 和测试集 horseColicTest. txt，数据集部分截图如图 3-8、图 3-9 所示。

2	1	38.50	54	20	0	1	2	2	3	4	1	2	2	5.90	0	2	42.00	6.30	0	0	1
2	1	37.60	48	36	0	0	1	1	0	3	0	0	0	0	0	0	44.00	6.30	1	5.00	1
1	1	37.7	44	28	0	4	3	2	5	4	4	1	1	0	3	5	45	70	3	2	1
1	1	37	56	24	3	1	4	2	4	4	3	1	1	0	0	0	35	61	3	2	0
2	1	38.00	42	12	3	0	3	1	1	0	1	0	0	0	0	2	37.00	5.80	0	0	1
1	1	0	60	40	3	0	1	1	0	4	0	3	2	0	0	5	42	72	0	0	1
2	1	38.40	80	60	3	2	2	1	3	2	1	2	2	0	1	1	54.00	6.90	0	0	1
2	1	37.80	48	12	2	1	2	1	3	0	1	2	0	0	2	0	48.00	7.30	1	0	1
2	1	37.90	45	36	3	1	3	2	1	2	1	0	3	0	33.00	5.70	3	0	1		
2	1	39.00	84	12	3	1	5	1	2	4	2	1	2	7.00	0	4	62.00	5.90	2	2.20	0
2	1	38.20	60	24	3	1	3	2	3	3	2	3	3	0	4	4	53.00	7.50	2	1.40	1
1	1	0	140	0	0	0	4	2	5	4	1	1	0	0	5	30	69	0	0		
1	1	37.90	120	60	3	3	3	1	5	4	4	2	2	7.50	4	5	52.00	6.60	3	1.80	0
2	1	38.00	72	36	1	1	3	1	3	0	2	2	1	0	3	5	38.00	6.80	2	2.00	1
2	9	38.00	92	28	1	1	2	1	1	3	2	1	0	7.20	0	0	37.00	6.10	1	1.10	1
1	1	38.30	66	30	2	3	1	1	2	3	2	2	3	8.50	3	5	37.00	6.00	0	0	1

图 3-8　逻辑回归模型案例数据集部分截取(1)

2.000000	1.000000	38.500000	66.000000	28.000000	3.000000	3.000000	0.000000	2.000000	5.000000	4.000000
1.000000	1.000000	39.200000	88.000000	20.000000	0.000000	0.000000	4.000000	1.000000	3.000000	4.000000
2.000000	1.000000	38.300000	40.000000	24.000000	1.000000	1.000000	3.000000	1.000000	3.000000	3.000000
1.000000	9.000000	39.100000	164.000000	84.000000	4.000000	1.000000	6.000000	2.000000	2.000000	4.000000
2.000000	1.000000	37.300000	104.000000	35.000000	0.000000	0.000000	6.000000	2.000000	0.000000	0.000000
2.000000	1.000000	0.000000	0.000000	0.000000	2.000000	1.000000	3.000000	1.000000	2.000000	3.000000
1.000000	1.000000	37.900000	48.000000	16.000000	1.000000	1.000000	1.000000	1.000000	3.000000	3.000000

图 3-9　逻辑回归模型案例数据集部分截取(2)

2. 案例代码

首先导入马疝病数据集，存储数据；然后将列表转化为矩阵，将代码中的参数 w 进行初始化，对数据进行预处理后，进行迭代，每次迭代计算一次正确率(在测试集上的正确率)，当正确率达到 0.75 时，停止迭代；采用梯度下降法进行数据处理，并进行数据预测，过程中不断更新正确率，最后得到结果。逻辑回归模型案例的代码如下：

```python
import numpy as np
from setuptools import setup
def loaddataset(filename):
    fp = open(filename)
    dataset = []
    labelset = []
    for i in fp. readlines():
        a = i. strip(). split()
        #存储属性数据
        dataset. append([float(j) for j in a[:len(a)- 1]])
        #存储标签数据
        labelset. append(int(float(a[- 1])))
    return dataset,labelset
def sigmoid(z):
    return 1. 0/(1 + np. exp(- z))
def trainning(dataset,labelset,test_data,test_label):
    #将列表转化为矩阵
    data = np. mat(dataset)
    label = np. mat(labelset). transpose()
    #初始化参数 w
```

```python
    w=np. ones((len(dataset[0])+1,1))
    #属性矩阵最后添加一列全 1 列(参数 w 中有常数参数)
    a=np. ones((len(dataset),1))
    data=np. c_[data,a]
    #步长
    n=0. 0001
    #每次迭代计算一次正确率(在测试集上的正确率)
    #正确率达到 0. 75,停止迭代
    rightrate=0. 0
    while rightrate < 0. 75:
        #计算当前参数 w 下的预测值
        c=sigmoid(np. dot(data,w))
        #梯度下降法的计算过程,对照着梯度下降法的公式
        b=c - label
        change=np. dot(np. transpose(data),b)
        w=w - change *  n
        #预测,更新正确率
        rightrate=test(test_data,test_label,w)
    return w
def test(dataset,labelset,w):
    data=np. mat(dataset)
    a=np. ones((len(dataset),1))
    data=np. c_[data,a]
    #使用训练好的参数 w 进行计算
    y=sigmoid(np. dot(data,w))
    b,c=np. shape(y)
    #记录预测正确的个数,用于计算正确率
    rightcount=0
    for i in range(b):
        #预测标签
        flag=-1
        #大于 0. 5 的为正例
        if y[i,0]>0. 5:
            flag=1
        #小于或等于 0. 5 的为反例
        else:
            flag=0
        #记录预测正确的个数
        if labelset[i]==flag:
            rightcount+=1
    #正确率
    rightrate=rightcount/len(dataset)
    return rightrate
if _name_=='_main_':
```

```
    dataset,labelset = loaddataset(' horseColicTraining. txt' )
    test_data,test_label = loaddataset(' horseColicTest. txt' )
    w = trainning(dataset,labelset,test_data,test_label)
    rightrate = test(test_data,test_label,w)
    print("正确率为:% f"% (rightrate))
```

3. 案例结果

设置迭代至正确率达到 0.75 时停止训练。在该设定条件下，应用梯度下降法，最终得到的逻辑回归模型在测试集上的正确率结果为 0.76，如图 3-10 所示。

```
PS D:\vscode\projrct\python>
正确率为 :0.761194
```

图 3-10　逻辑回归模型案例代码的运行结果

▶▶| 3.4　LDA 算法 ▶▶ ▶

线性判别分析（Linear Discriminant Analysis，LDA）是一种经典的、监督数据线性的学习方法，可用于分类或降维。LDA 的基本思想是将高维空间中的数据投影到低维空间中，同时保持类别信息，使投影后的点形成按类别区分、一簇一簇的情况，促使相同类别的点尽可能靠近，不同类别的点尽可能远离，达到最大化类间区分度的效果。

3.4.1　案例基本信息

在 LDA 的应用案例中，随机生成 200 个三维样本，利用 sklearn 库对数据集进行判别分析，案例相关知识点及详细信息描述如下。

1. 案例涉及的基本理论知识点

LDA 的指导思想非常朴素，以传统的二分类任务为例，给定训练样本集，设法将样例投影到一条直线上，使同类样例的投影点尽可能接近、异类样例的投影点尽可能远离。在对新样本进行分类时，将其投影到该直线上，再根据投影点的位置来确定新样本的类别。

2. 案例使用的平台、语言及库函数

平台：PyCharm。

语言：Python。

库函数：sklearn。

3.4.2　案例设计方案

应用 LDA 算法实现随机数据集数据降维的设计方案和案例描述如下。

1. 案例描述

随机生成 200 个三维样本，并对其进行分类。

2. 案例创新点

主成分分析(Principal Component Analysis, PCA)是一种无监督的数据降维方法,与之不同的是,LDA 是一种有监督的数据降维方法。即使在训练样本上提供了类别标签,在使用 PCA 模型的时候,也是不利用类别标签的,而 LDA 在进行数据降维的时候是利用数据的类别标签提供的信息的。

3.4.3 案例实现

以下是使用 LDA(线性判别分析)算法实现数据集降维的 Python 代码示例。

1. 案例数据样例或数据集

LDA 目的:同类样例投影点的方差尽可能小,异类样例的投影点的均值差别大。同时考虑二者,得到欲最大化的目标

$$J = \frac{\|\boldsymbol{\omega}^{\mathrm{T}}\boldsymbol{\mu}_0 - \boldsymbol{\omega}^{\mathrm{T}}\boldsymbol{\mu}_1\|_2^2}{\boldsymbol{\omega}^{\mathrm{T}}\boldsymbol{\Sigma}_0\boldsymbol{\omega} + \boldsymbol{\omega}^{\mathrm{T}}\boldsymbol{\Sigma}_1\boldsymbol{\omega}} = \frac{\boldsymbol{\omega}^{\mathrm{T}}(\boldsymbol{\mu}_0 - \boldsymbol{\mu}_1)(\boldsymbol{\mu}_0 + \boldsymbol{\mu}_1)^{\mathrm{T}}\boldsymbol{\omega}}{\boldsymbol{\omega}^{\mathrm{T}}(\boldsymbol{\Sigma}_0 + \boldsymbol{\Sigma}_1)\boldsymbol{\omega}} \tag{3-6}$$

令 $\boldsymbol{S}_\omega = \boldsymbol{\Sigma}_0 + \boldsymbol{\Sigma}_1$(类内散度矩阵), $\boldsymbol{S}_b = (\boldsymbol{\mu}_0 - \boldsymbol{\mu}_1)(\boldsymbol{\mu}_0 + \boldsymbol{\mu}_1)^{\mathrm{T}}$(类间散度矩阵),得到

$$J = \frac{\boldsymbol{\omega}^{\mathrm{T}}\boldsymbol{S}_b\boldsymbol{\omega}}{\boldsymbol{\omega}^{\mathrm{T}}\boldsymbol{S}_\omega\boldsymbol{\omega}} \tag{3-7}$$

由拉格朗日乘子法,上式等价于

$$\boldsymbol{\omega} = \boldsymbol{S}_\omega^{-1}(\boldsymbol{\mu}_0 - \boldsymbol{\mu}_1) \tag{3-8}$$

对 $\boldsymbol{S}_\omega$ 进行奇异值分解,即 $\boldsymbol{S}_\omega = \boldsymbol{U}\boldsymbol{\Sigma}\boldsymbol{V}^{\mathrm{T}}$,转换即可求出

$$\boldsymbol{S}_\omega^{-1} = \boldsymbol{V}\boldsymbol{\Sigma}^{-1}\boldsymbol{U}^{\mathrm{T}} \tag{3-9}$$

2. 案例代码

应用 LDA 算法实现随机数据集数据降维的代码如下:

```
import numpy as np
class LDA():
    #初始化权重矩阵
    def __init__(self):
        self. w＝None
    #计算协方差矩阵
    def calc_cov(self,X,Y＝None):
        m＝X. shape[0]
        X＝(X － np. mean(X,axis＝0))/np. std(X,axis＝0)      #均值,方差
        Y＝X if Y＝＝None else (Y － np. mean(Y,axis＝0))/np. std(Y,axis＝0)
        return 1/m ＊ np. matmul(X. T,Y)
    #对数据进行投影
    def project(self,X,Y):
        self. fit(X,Y)
        X_projection＝X. dot(self. w)
        return X_projection
    #LDA 拟合过程
    def fit(self,X,Y):
```

```python
        #按类分组
        X0=X[Y==0]
        X1=X[Y==1]
        #分别计算两类数据自变量的协方差矩阵
        sigma0=self. calc_cov(X0)
        sigma1=self. calc_cov(X1)
        #计算类内散度矩阵
        Sw=sigma0 + sigma1
        #分别计算两类数据自变量的均值和差
        u0,u1=np. mean(X0,axis=0),np. mean(X1,axis=0)
        mean_diff=np. atleast_1d(u0 - u1)
        #对类内散度矩阵进行奇异值分解
        U,S,V=np. linalg. svd(Sw)
        #计算类内散度矩阵的逆
        Sw_=np. dot(np. dot(V. T,np. linalg. pinv(np. diag(S))),U. T)
        #计算 w
        self. w=Sw_. dot(mean_diff)
    def perdict(self,X):
        y_pred=[]
        for sample in X:
            h=sample. dot(self. w)
            y=1 *  (h<0)
            y_pred. append(y)
        return y_pred
from sklearn import datasets
import matplotlib. pyplot as plt
from sklearn. model_selection import train_test_split        #留出法
from sklearn. metrics import accuracy_score        #评价标准
#读取数据
data=datasets. load_iris()        #导入数据集
X=data. data
Y=data. target
X=X[Y!=2]        #选择等于 0/1 的，二分类
Y=Y[Y!=2]
X_train,X_test,y_train,y_test=train_test_split(X,Y,test_size=0. 2,random_state=41)   #留出法 20% 测
试集
lda=LDA()
lda. fit(X_train,y_train)
y_pred=lda. perdict(X_test)
accuracy=accuracy_score(y_test,y_pred)
print(" accuracy:",accuracy)
```

3. 案例结果

上述代码的运行结果如图 3-11 所示。

```
"D:\Python\python.exe" D:\PyCharmProject\LDA.py
accuracy:  0.85
```

图 3-11　LDA 算法案例代码的运行结果

本章小结

本章介绍并实现了几种经典的线性模型，包括回归任务和分类任务。线性回归模型通过最小二乘法来确定一条直线，以使模型输出尽可能地接近真实输出；对数回归模型则是通过对输入空间到输出空间进行非线性函数映射，利用对数函数将线性回归模型的预测值与真实值结合起来；逻辑回归模型则解决了分类问题，其核心是使用 sigmoid 函数将回归模型的预测值转换为 0/1 值，以表明分类结果。另外，本章还介绍了线性判别分析，它是一种有监督的数据降维方法，将高维空间的数据投影到较低维的空间中，并使各个类别的类内方差最小而类间均值差别最大。

本章习题

1. 在线性回归模型中，最小二乘法的目标是(　　　)。
A. 最小化预测值与真实值之间的平均绝对误差
B. 最小化预测值与真实值之间的平均平方误差
C. 最小化预测值与真实值之间的对数损失
D. 最小化预测值与真实值之间的交叉熵损失
2. 在梯度下降法中，学习率的选择会影响到(　　　)。
A. 算法的收敛性　　　　　　　　　　B. 算法的精度
C. 算法的稳定性　　　　　　　　　　D. 以上所有
3. 线性回归采用的是平方损失函数。(判断题)
4. 逻辑回归采用的是对数损失函数。(判断题)
5. 逻辑回归的决策边界可以是非线性的。(判断题)
6. 简述线性回归模型和逻辑回归模型的区别。

习题答案

1. B。　2. D。
3. √。　4. √。　5. √。
6. (1)任务不同：线性回归模型是对连续的量进行预测；逻辑回归模型是对离散值/类别进行预测。
(2)输出不同：线性回归模型的输出是一个连续的量，范围为$[-\infty, +\infty]$；逻辑回归模型的输出是数据，属于某种类别的概率，范围为$[0, 1]$。
(3)参数估计方法不同：线性回归模型中使用最小化平方误差损失函数进行参数估计，对偏离真实值越远的数据惩罚越严重；逻辑回归模型使用对数似然函数进行参数估计，使用交叉熵作为损失函数，对预测错误的惩罚是随着输出的增大，逐渐逼近一个常数。

第4章

Python 实现决策树

章前引言

决策树(Decision Tree)是在已知各种情况发生概率的基础上，通过构成决策树来求取净现值的期望值大于或等于零的概率、评价项目风险、判断其可行性的决策分析方法，是直观运用概率分析的一种图解法。因为这种决策分支画成图形很像一棵树的枝干，故称决策树。在机器学习中，决策树是一个预测模型，它代表的是对象属性与对象值之间的一种映射关系。Entropy 表示系统的凌乱程度，使用算法 ID3、C4.5 和 C5.0 生成树算法使用熵。这一度量是基于信息学理论中熵的概念。

决策树是一种树形结构，其中每个内部节点表示一个属性上的测试，每个分支代表一个测试输出，每个叶子节点代表一种类别。

教学目的与要求

了解决策树的背景；理解决策树的思想与实现方法；理解并掌握决策树的思想与编程过程；根据给定的训练数据集构建一个决策树模型，使它能够对实例进行正确的分类；在损失函数的意义下选择最优决策树。

学习重点

1. 如何切分特征(选择节点)。
2. 选择切分特征的衡量标准——熵。

学习难点

1. 在损失函数的意义下选择最优决策树。
2. 最小化损失函数。

素养目标

1. 提高动手能力，具备完整的编程思想。
2. 加强对所学知识的程序化，提升数据科学素养。

▶▶▶ 4.1 案例基本信息 ▶▶ ▶

本案例利用乳腺癌数据集，运用不同的分类方法，通过对决策树预测的准确度的比较，利用图表来直观地展示每个分类器的准确度。

1. 案例涉及的基本理论知识点

决策树是一种常用的机器学习算法，可以用于分类和回归问题。它本质上是一个树形结构，其中每个内部节点表示一个属性上的测试，每个分支代表一个测试输出，每个叶子节点代表一种分类或回归结果(在分类问题中，每个叶子节点代表一个类别标签；在回归问题中，每个叶子节点代表一个实数)。

决策树的生成是一个递归过程。在决策树基本算法中，以下 3 种情形会导致递归返回：

（1）当前节点包含的样本全属于同一类别，无须划分；

（2）当前属性集为空，或者所有样本在所有属性上的取值相同，无法划分。把当前节点标记为叶子节点，并将其类别设定为该节点所含样本最多的类别；

（3）当前节点包含的样本集合为空，不能划分，把当前节点标记为叶子节点，但将其类别设定为其父节点所含样本最多的类别。

一般情况下，一棵决策树包含一个根节点、若干个内部节点和若干个叶子节点；叶子节点对应于决策树结果，其他每个节点则对应于一个属性测试；每个节点包含的样本集合根据属性测试的结果被划分到子节点中；根节点包含样本全集。从根节点到每个叶子节点的路径对应了一个判定测试序列。

2. 案例使用的平台、语言及库函数

平台：PyCharm。

语言：Python。

库函数：sklearn。

▶▶▶ 4.2 案例设计方案 ▶▶ ▶

首先加载数据集，其次导入本案例所需函数的库，主要运用决策树对乳腺癌进行简单的二分类，并对测试样本进行预测，观察其准确率。并且 SVM 的学习还附带了结果的可视化图片。

▶▶▶ 4.3 案例实现 ▶▶ ▶

本小节主要介绍数据集、代码演示及截图。

1. 案例数据样例或数据集

乳腺癌数据集一共有 569 个样本，30 个特征，具体如图 4-1 所示。

类型	个数
良性(benign)	357
恶性(malignant)	212

图 4-1　乳腺癌数据集

2. 案例代码

本案例通过调用库函数来对乳腺癌进行简单的二分类，以及对测试样本进行预测，代码如下：

```
from sklearn. datasets import load_breast_cancer
from sklearn. svm import SVC
from sklearn. model_selection import train_test_split
import matplotlib. pyplot as plt
import numpy as np
cancers=load_breast_cancer() #下载乳腺癌数据集
X=cancers. data   #获取特征值
Y=cancers. target   #获取标签
print("数据集,特征",X. shape)  #查看特征形状
print(Y. shape)  #查看标签形状
print(' 分类名称')#输出分类名称
print(cancers. target_names)  #标签类别名
#注意返回值:训练集 train、x_train、y_train；测试集 test、x_test、y_test
#x_train 为训练集的特征值，y_train 为训练集的目标值，x_test 为测试集的特征值，y_test 为测试集
#目标值
#注意接收参数的顺序固定
#训练集占80%，测试集占20%
x_train,x_test,y_train,y_test=train_test_split(X,Y,test_size=0. 2,random_state=5)
print(' 训练集的特征值:\n' ,x_train. shape,y_train. shape)
#输出训练集的特征值和目标值
print(' 测试集的特征值:\n' ,x_test. shape,y_test. shape)
#输出测试集的特征值和目标值
np. unique(Y)   #查看 label 都有哪些分类
plt. scatter(X[:,0],X[:,1],c=Y)
plt. show() #显示图像
#下面是 4 种核函数的建模训练
#线性核函数
model_linear=SVC(C=1. 0,kernel=' linear' )
#多项式核函数
```

```
#degree 表示使用的多项式的阶数
model_poly=SVC(C=1. 0,kernel=' poly' ,degree=3)
#高斯核函数
#gamma 是核函数的一个参数，gamma 的值会影响测试精度
model_rbf=SVC(C=1. 0,kernel=' rbf' ,gamma=0. 5)
#gamma 相当于是在调节模型的复杂度，gammma 越小模型复杂度越低，gamma 越大模型复杂度
越高
#因此需要调节超参数 gamma 平衡过拟合和欠拟合
#sigmoid 核函数
gammalist=[]  #把 gammalist 定义为一个数组
score_test=[]  #把 score_test 定义为一个数组
gamma_dis=np. logspace(- 100,- 5,50)
#gamma_dis 从 10~100 到 10~5 平均取 50 个点
for j in gamma_dis:
    model_sigmoid=SVC(kernel=' sigmoid' ,gamma=j,cache_size=5000). fit(x_train,y_train)
    gammalist. append(j)
    score_test. append(model_sigmoid. score(x_test,y_test))
#找出最优 gammalist 值
print("分数- - - - - - - - - - - - - - - - - - ",score_test)
print("测试最大分数, gammalist",max(score_test),gamma_dis[score_test. index(max(score_test))])
plt. plot(gammalist,score_test) #横轴为 gammalist，纵轴为 score_test
plt. show()#显示图片
#线性核函数
model_linear. fit(x_train,y_train)
train_score=model_linear. score(x_train,y_train)
test_score=model_linear. score(x_test,y_test)
print(' train_score:{0}; test_score:{1}' . format(train_score,test_score))
model_poly. fit(x_train,y_train)
train_score=model_poly. score(x_train,y_train)
test_score=model_poly. score(x_test,y_test)
print(' train_score:{0}; test_score:{1}' . format(train_score,test_score))
model_rbf. fit(x_train,y_train)
train_score=model_rbf. score(x_train,y_train)
test_score=model_rbf. score(x_test,y_test)
print(' train_score:{0}; test_score:{1}' . format(train_score,test_score))
model_sigmoid. fit(x_train,y_train)
train_score=model_sigmoid. score(x_train,y_train)
test_score=model_sigmoid. score(x_test,y_test)
print(' train_score:{0}; test_score:{1}' . format(train_score,test_score))
```

```
#sigmoid 函数输出训练精度和测试精度
from sklearn. ensemble import RandomForestClassifier
from sklearn. metrics import accuracy_score
from sklearn. ensemble import AdaBoostClassifier
from sklearn. ensemble import BaggingClassifier
from sklearn. tree import DecisionTreeClassifier
from sklearn. datasets import load_breast_cancer
#加载数据
from sklearn. model_selection import train_test_split
cancers=load_breast_cancer() #下载乳腺癌数据集
X=cancers. data   #获取特征值
y=cancers. target   #获取标签
X_train,X_test,y_train,y_test=train_test_split(X,y,test_size=0. 2)
#决策树
score=0
for i in range(100):
    model=DecisionTreeClassifier()
    #每次都生成新的训练集和测试集
    X_train,X_test,y_train,y_test=train_test_split(X,y,test_size=0. 2)
    model. fit(X_train,y_train)#建模
    y_=model. predict(X_test)#预测
    #每次的学习器的准确率相加取平均值
    score +=accuracy_score(y_test,y_)/100
print(' 多次执行决策树的准确率是:' ,score)
```

3. 案例结果

将乳腺癌数据集中的特征值可视化后的图像如图 4-2 所示。gamma 值与准确率的关系如图 4-3 所示,从而可以找出最优的 gamma 值。上述代码的运行结果如图 4-4 所示,根据该结果可以评估各个模型在乳腺癌分类任务中的性能表现,以及多次执行决策树模型的平均准确率,其中包括:

(1)打印了数据集的特征形状和标签形状,以及分类名称;

(2)将数据集分为训练集和测试集,并打印了它们的特征值和目标值形状;

(3)使用不同的参数进行训练和测试,并计算了在测试集上的准确率;

(4)逐个训练并评估了线性核函数、多项式核函数和高斯核函数在训练集和测试集上的得分(准确率);

(5)执行了 100 次决策树模型的训练和预测过程,每次都重新生成新的训练集和测试集,并计算了每次模型在测试集上的准确率;

(6)将所有准确率相加并取平均值,得到了多次执行决策树的准确率。

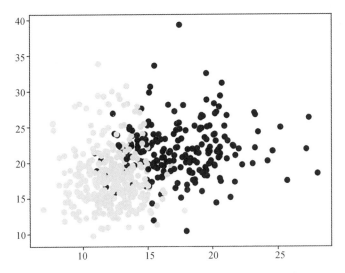

图4-2　乳腺癌数据集中的特征值可视化后的图像

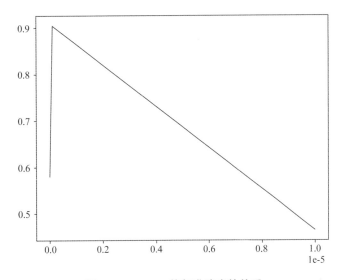

图4-3　gamma 值与准确率的关系

```
数据集,特征 (569, 30)
(569,)
分类名称
['malignant' 'benign']
训练集的特征值:
 (455, 30) (455,)
测试集的特征值:
 (114, 30) (114,)
分数-------------------- [0.5789473684210527, 0.5789473684210527, 0.5789473684210527, 0
测试最大分数,  gammalist 0.9035087719298246 1.1513953993264481e-07
train_score:0.9626373626373627; test_score:0.9736842105263158
train_score:0.9098901098901099; test_score:0.9298245614035088
train_score:1.0; test_score:0.5789473684210527
train_score:0.5076923076923077; test_score:0.4649122807017544
多次执行决策树的准确率是:  0.9212280701754382
```

图4-4　Python 实现决策树案例代码的运行结果

本章小结

本章主要介绍了决策树，决策树是一种十分常用的分类方法，它是一种监督学习。监督学习是指在给定一堆样本的情况下，每个样本都有一组属性和一个事先确定的类别。通过学习，可以得到一个分类器，使用这个分类器能够对新出现的对象进行正确的分类。

本章习题

1. 下列选项哪个是决策树的预测过程？（   ）

A. 将测试示例从一个中间节点开始，沿着划分属性所构成的判定测试序列下行，直到叶子节点为止

B. 将测试示例从一个中间节点开始，沿着划分属性所构成的判定测试序列上行，直到根节点为止

C. 将测试示例从叶子节点开始，沿着划分属性所构成的判定测试序列上行，直到根节点为止

D. 将测试示例从根节点开始，沿着划分属性所构成的判定测试序列下行，直到叶子节点为止

2. 决策树学习的策略是（   ）。

A. 分而治之   B. 集成   C. 聚类   D. 排序

3. 决策树在训练时，若当前节点包含的样本全属于同一类别，则_____（需要/无须）划分。

习题答案

1. D。　2. A。

3. 无须。

第 5 章

Python 实现神经网络

　　在现代计算机科学和人工智能领域，神经网络是一项备受瞩目的技术，它模仿了人脑的神经元连接方式，能够完成复杂的任务和模式识别。无论是在图像处理、自然语言处理、语音识别，还是在金融预测和医疗诊断等领域，神经网络都展现出惊人的潜力。本章将引导读者进入神经网络的、令人兴奋和充满挑战的世界，深入探讨神经网络的基本概念、工作原理及其应用领域。无论是计算机科学领域的初学者，还是寻求深入了解神经网络的开发者，都可以在本章的帮助下理解神经网络的核心思想和应用。

📖🔍 教 学 目 的 与 要 求

　　了解神经网络的原理和架构。

📖🔍 学 习 重 点

　　1. 掌握神经网络的基本概念和发展历程。
　　2. 了解其他常见的神经网络。

📖🔍 学 习 难 点

　　1. 人工神经网络的基本概念和特征。
　　2. 误差逆传播算法。

📖🔍 素 养 目 标

　　1. 培养动手能力、实践能力、科研能力和创新能力。
　　2. 促进知识、能力、素质协调发展。

▶▶|5.1 基于 LSTM 生成古诗 ▶▶ ▶

5.1.1 案例基本信息

通过对本案例所用的基本理论知识进行简单介绍，使读者能够更深入地了解长短期记忆网络（Long Short-Term Memory，LSTM）算法。

1. 案例涉及的基本理论知识点

LSTM 是一种包含 LSTM 块的神经网络，其他文献中可能将 LSTM 块描述成智能网络单元，因为它具备记忆不同长度的时间序列数据的能力。在 LSTM 块中，存在一个门控单元，其作用是决定输入数据是否重要到需要被记忆和输出。

倒传递类神经训练如图 5-1 所示，该图下方显示了 4 个 S 函数（LSTM 块内部的 4 个主要函数之一）单元，最左边的函数有时可能充当块的输入，而右边的 3 个函数会通过门控单元决定输入数据是否能够进入块内。左边第二个函数是输入门（Input Gate），如果其输出接近于 0，将会阻止数据传递到下一层。左边第三个函数是遗忘门（Forget Gate），当其输出接近于 0 时，块内的记忆将被清除。最右边的函数是输出门（Output Gate），它决定了块内记忆中的数据是否能够被输出。

LSTM 有多个变种，其中一个重要的变种是门控循环单元（Gated Recurrent Unit，GRU）。根据谷歌的测试结果，LSTM 中最关键的门控单元是遗忘门，其次是输入门，最后是输出门。

为了最小化训练误差，LSTM 使用时序反向传播（Back-propagation Through Time，BPTT）算法来根据误差调整每一次权重的更新。该算法在训练循环神经网络（Recurrent Neural Network，RNN）时遇到的主要问题最早于 1991 年被发现，即误差梯度会随着时间间隔的增加呈指数级减小。不同于 RNN，LSTM 中的门控单元可以控制信息的流动，进而允许有意义的梯度信息被保留下来，而不会过度消失。这有助于 LSTM 模型有效地学习和记忆长时间序列中的模式和依赖性，而不受梯度消失问题的影响。

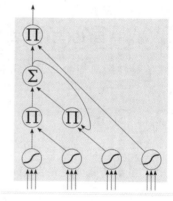

图 5-1 倒传递类神经训练

2. 案例使用的平台、语言及库函数

平台：PyCharm。

语言：Python。

库函数：math、re、numpy、tensorflow、counter。

5.1.2 案例设计方案

本小节主要对运用 RNN 生成古诗、LSTM 算法训练的实验步骤及其创新点进行介绍。

1. 案例描述

本案例主要运用 RNN 生成古诗，模型所采用的是两层的 LSTM 框架，每层有 128 个隐藏层节点。LSTM 是为了解决一般的 RNN 存在的长期依赖问题而专门设计出来的，所有的 RNN 都具有一种重复神经网络模块的链式形式。

2. 案例创新点

利用 LSTM 生成古诗结合了深度学习和文学创作，可以自动、灵活地生成各种风格和主题的古诗，为文学领域带来新的可能性和创作方式。这种技术有望推动文学创作和文学研究的发展。

5.1.3 案例实现

1. 案例数据样例或数据集

本案例的数据集来自古诗文网，有不同作者和不同风格的古诗文，古诗文数据部分截取如图 5-2 所示。

首春:寒随穷律变，春逐鸟声开。初风飘带柳，晚雪间花梅。碧林青旧竹，绿沼翠新苔。芝田初雁去，绮树巧莺来。
初晴落景:晚霞聊自怡，初晴弥可喜。日晃百花色，风动千林翠。池鱼跃不同，园鸟声还异。寄言博通者，知予物外志。
初夏:一朝春夏改，隔夜鸟花迁。阴阳深浅叶，晓夕重轻烟。哢莺犹响殿，横丝正网天。佩高兰影接，绶细草纹连。碧鳞惊棹侧，玄
度秋:夏律昨留灰，秋箭今移晷。峨嵋岫初出，洞庭波渐起。桂白发幽岩，菊黄开灞涘。运流方可叹，含毫属微理。
仪鸾殿早秋:寒惊蓟门叶，秋发小山枝。松阴背日转，竹影避风移。提壶菊花岸，高兴芙蓉池。欲知凉气早，巢空燕不窥。
秋日即目:爽气浮丹阙，秋光澹紫宫。衣碎荷疏影，花明菊点丛。袍轻低草露，盖侧舞松风。散岫飘云叶，迷路飞烟鸿。砌冷兰凋佩，
山阁晚秋:山亭秋色满，岩牖凉风度。疏兰尚染烟，残菊犹承露。古石衣新苔，新巢封古树。历览情无极，咫尺轮光暮。
帝京篇十首:秦川雄帝宅，函谷壮皇居。绮殿千寻起，离宫百雉余。连甍遥接汉，飞观迥凌虚。云日隐层阙，风烟出绮疏。岩廊罢机
饮马长城窟行:塞外悲风切，交河冰已结。瀚海百重波，阴山千里雪。迥戍危烽火，层峦引高节。悠悠卷旆旌，饮马出长城。寒沙连
执契静三边:执契静三边，持衡临万姓。玉彩辉关烛，金华流日镜。无为宇宙清，有美璇玑正。皎佩星连景，飘衣云结庆。戢武耀七
正日临朝:条风开献节，灰律动初阳。百蛮奉遐赆，万国朝未央。虽无舜禹迹，幸欣天地康。车轨同八表，书文混四方。赫奕俨冠盖，
幸武功庆善宫:寿丘惟旧迹，酆邑乃前基。粤予承累圣，悬弧亦在兹。弱龄逢运改，提剑郁匡时。指麾八荒定，怀柔万国夷。梯山咸
重幸武功:代马依朔吹，惊禽愁昔丛。况兹承眷德，怀旧感深衷。积善忻余庆，畅武悦成功。垂衣天下治，端拱车书同。白水巡前迹，
经破薛举战地:昔年怀壮气，提戈初仗节。心随朗日高，志与秋霜洁。移锋惊电起，转战长河决。营碎落星沉，阵卷横云裂。一挥氛
过旧宅二首:新丰停翠辇，谯邑驻鸣笳。园荒一径断，苔古半阶斜。前池消旧水，昔树发今花。一朝辞此地，四海遂为家。金舆巡白
还陕述怀:慨然抚长剑，济世岂邀名。星旗纷电举，日羽肃天行。遍野屯万骑，临原驻五营。登山麾武节，背水纵神兵。在昔戎戈动，
入潼关:崤函称地险，襟带壮两京。霜峰直临道，冰河曲绕城。古木参差影，寒猿断续声。冠盖往来合，风尘朝夕惊。高谈先马度，
于北平作:翠野驻戎轩，卢龙转征旆。遥山丽如绮，长流萦似带。海气百重楼，岩松千丈盖。兹焉可游赏，何必襄城外。
辽城望月:玄兔月初明，澄辉照辽碣。映云光暂隐，隔树花如缀。魄满桂枝圆，轮亏镜彩缺。临城却影散，带晕重围结。驻跸俯九都，
春日登陕州城楼俯眺原野回丹碧缀烟霞密翠斑…聊以命篇:碧原开雾隰，绮岭峻霞城。烟峰高下翠，日浪浅深明。斑红妆蕊树，圆青压
春日玄武门宴群臣:韶光开令序，淑气动芳年。驻辇华林侧，高宴柏梁前。紫庭文珮满，丹墀衮绂连。九夷簉瑶席，五狄列琼筵。娱
登三台言志:未央初壮汉，阿房昔侈秦。在危犹骋丽，居奢遂投人。岂如家四海，日宇馨朝伦。扇天裁户旧，砌地翦基新。引月擎宵
出猎:楚王云梦泽，汉帝长杨宫。岂若因农暇，阅武出轘嵩。三驱陈锐卒，七萃列材雄。寒野霜氛白，平原烧火红。雕戈夏服箭，羽
冬狩:烈烈寒风起，惨惨飞云浮。霜浓凝广隰，冰厚结清流。金鞍移上苑，玉勒骋平畴。旌旗四望合，置罗一面求。楚踣争兕殪，秦
春日望海:披襟眺沧海，凭轼玩春芳。积流横地纪，疏派引天潢。仙气凝三岭，和风扇八荒。拂潮云布色，穿浪日舒光。照岸花分彩，

图 5-2　古诗文数据部分截取

2. 案例代码

基于 LSTM 生成古诗案例的代码如下：

```python
import math
import re
import numpy as np
import tensorflow as tf
from collections import counter
#数据路径
DATA_PATH=' p1. txt'
#单行诗最大长度
MAX_LEN=64
#禁用的字符，拥有以下符号的诗将被忽略
DISALLOWED_WORDS=[' (',' )',' (',' )',' __','《',' 》',' 【',' 】',' [',' ]']
BATCH_SIZE=128
#一首诗(一行)对应一个列表的元素
poetry=[]
#按行读取数据 p1. txt
with open(DATA_PATH,' r' ,encoding=' utf- 8' ) as f:
    lines=f. readlines()
#遍历处理每一条数据
for line in lines:
    #利用正则表达式拆分标题和内容
    fields=re. split(r"[::]",line)
    #跳过异常数据
    if len(fields) !=2:
        continue
    #得到诗词内容(后面不需要标题)
    content=fields[1]
    #跳过内容过长的诗词
    if len(content)>MAX_LEN- 2:
        continue
    #跳过存在禁用符的诗词
    if any(word in content for word in DISALLOWED_WORDS):
        continue
    poetry. append(content. replace(' \n' ,' '))   #最后要记得删除换行符
#最小词频
MIN_WORD_FREQUENCY=8
#统计词频，利用 counter 可以直接按单个字符进行统计词频
counter=Counter()
for line in poetry:
    counter. update(line)
#过滤掉低词频的词
```

```python
tokens=[token for token,count in counter. items() if count >=MIN_WORD_FREQUENCY]
#补上特殊词标记：填充字符标记、未知词标记、开始标记、结束标记
tokens=["[PAD]","[NONE]","[START]","[END]"] + tokens
#映射: 词 -> 编号
word_idx={}
#映射: 编号 -> 词
idx_word={}
for idx,word in enumerate(tokens):
    word_idx[word]=idx
    idx_word[idx]=word
class Tokenizer:
    """
    分词器
    """
    def __init__(self,tokens):
        #词汇表大小
        self. dict_size=len(tokens)
        #生成映射关系
        self. token_id={}    #映射: 词 -> 编号
        self. id_token={}    #映射: 编号 -> 词
        for idx,word in enumerate(tokens):
            self. token_id[word]=idx
            self. id_token[idx]=word
        #各个特殊词标记的编号id，方便其他地方使用
        self. start_id=self. token_id["[START]"]
        self. end_id=self. token_id["[END]"]
        self. none_id=self. token_id["[NONE]"]
        self. pad_id=self. token_id["[PAD]"]
    def id_to_token(self,token_id):
        return self. id_token. get(token_id)
    def token_to_id(self,token):
        return self. token_id. get(token,self. none_id)    #编号里没有返回 [NONE]
    def encode(self,tokens):
        token_ids=[self. start_id,]    #开始标记
        #遍历，词转编号
        for token in tokens:
            token_ids. append(self. token_to_id(token))
        token_ids. append(self. end_id)    #结束标记
        return token_ids
    def decode(self,token_ids):
        #开始、结束标记
```

```python
            flag_tokens = {"[START]","[END]"}
            tokens = []
            for idx in token_ids:
                token = self.id_to_token(idx)
                #跳过开始、结束标记
                if token not in flag_tokens:
                    tokens.append(token)
            return tokens
tokenizer = Tokenizer(tokens)
class PoetryDataSet:
    """
    古诗数据集生成器
    """
    def __init__(self,data,tokenizer,batch_size):
        #数据集
        self.data = data
        self.total_size = len(self.data)
        #分词器，用于词转编号
        self.tokenizer = tokenizer
        #每批数据量
        self.batch_size = batch_size
        #每个 epoch 迭代的步数
        self.steps = int(math.floor(len(self.data)/self.batch_size))
    def pad_line(self,line,length,padding=None):
        """
        对齐单行数据
        """
        if padding is None:
            padding = self.tokenizer.pad_id
        padding_length = length - len(line)
        if padding_length > 0:
            return line + [padding] *  padding_length
        else:
            return line[:length]
    def _len_(self):
        return self.steps
    def _iter_(self):
        #打乱数据
        np.random.shuffle(self.data)
        #迭代一个 epoch，每次 yield 一个 batch
        for start in range(0,self.total_size,self.batch_size):
```

```
            end=min(start + self. batch_size,self. total_size)
            data=self. data[start:end]
            #map 根据提供的函数对指定序列进行映射
            max_length=max(map(len,data))
            batch_data=[]
            for str_line in data:
                #对每一行诗词进行编码，并补齐 padding
                encode_line=self. tokenizer. encode(str_line)
                pad_encode_line=self. pad_line(encode_line,max_length + 2)   #加 2 是因为 tokenizer. encode
会添加 START 和 END
                batch_data. append(pad_encode_line)
            batch_data=np. array(batch_data)
            #yield 特征、标签
            yield batch_data[:,:-1],batch_data[:,1:]
    def generator(self):
        while True:
            yield from self. __iter__()
#初始化 PoetryDataSet
dataset=PoetryDataSet(poetry,tokenizer,BATCH_SIZE)
'''
构建模型
'''
model=tf. keras. Sequential([
    #词嵌入层
    tf. keras. layers. Embedding(input_dim=tokenizer. dict_size,output_dim=150),
    #第一个 LSTM 层
    tf. keras. layers. LSTM(150,dropout=0. 5,return_sequences=True),
    #第二个 LSTM 层
    tf. keras. layers. LSTM(150,dropout=0. 5,return_sequences=True),
    #利用 TimeDistributed 对每个时间步的输出都进行 Dense 操作(softmax 激活)
    tf. keras. layers. TimeDistributed(tf. keras. layers. Dense(tokenizer. dict_size,activation=' softmax' )),])
model. summary()
#标签不是 one- hot，所以使用 sparse_categorical_crossentropy
#可以利用 tf. one_hot(标签,size)进行转换，然后使用 sparse_categorical_crossentropy
model. compile(
    optimizer=tf. keras. optimizers. Adam(),
    loss=tf. keras. losses. sparse_categorical_crossentropy)
model. fit_generator(dataset. generator(),steps_per_epoch=dataset. steps,epochs=10)
'''
预测
```

```
'''
#需要先将词转为编号
token_ids=[tokenizer. token_to_id(word) for word in ["月","光","静","谧"]]
#进行预测
result=model. predict([token_ids,])
print(result)
print(result. shape)
def predict(model,token_ids):
    """
    在概率值排名前100的词中选取一个词(按概率分布的方式)
    :return: 一个词的编号(不包含[PAD][NONE][START])
    """
    #预测各个词的概率分布
    #0  表示对输入的第0个样本进行预测
    #-1 表示只要对最新的词进行预测
    #3: 表示不要前面几个标记符
    _probas=model. predict([token_ids,])[0,-1,3:]
    #按概率降序排列，取前100
    p_args=_probas. argsort()[-100:][::-1]   #此时拿到的是索引
    p=_probas[p_args]  #根据索引找到具体的概率值
    p=p/sum(p)   #归一
    #按概率抽取一个
    target_index=np. random. choice(len(p),p=p)
    #前面预测时删除了前几个标记符，因此编号要补上3位，这样才是实际在tokenizer词典中的编号
    return p_args[target_index]+3
token_ids=tokenizer. encode("清风明月")[:-1]
while len(token_ids)<13:
    #预测词的编号
    target=predict(model,token_ids)
    #保存结果
    token_ids. append(target)
    #到达END
    if target==tokenizer. end_id:
        break
print("". join(tokenizer. decode(token_ids)))
def generate_random_poem(tokenizer,model,text=""):
    """
    随机生成一首诗
    :param tokenizer: 分词器
    :param model: 古诗模型
    :param text: 古诗的起始字符串，默认为空
```

:return: 一首古诗的字符串
"""
#将起始字符串转成 token_ids，并去掉结束标记[END]
token_ids＝tokenizer. encode(text)[:−1]
while len(token_ids) < MAX_LEN:
    #预测词的编号
    target＝predict(model,token_ids)
    #保存结果
    token_ids. append(target)
    #到达 END
    if target＝＝tokenizer. end_id:
        break
return "". join(tokenizer. decode(token_ids))
def generate_acrostic_poem(tokenizer,model,heads):
    """
    生成一首藏头诗
    :param tokenizer: 分词器
    :param model: 古诗模型
    :param heads: 藏头诗的头
    :return: 一首古诗的字符串
    """
    #token_ids，只包含[START]编号
    token_ids＝[tokenizer. start_id,]
    #逗号和句号标记编号
    punctuation_ids＝{tokenizer. token_to_id(","),tokenizer. token_to_id("。")}
    content＝[]
    #为每一个 head 生成一句诗
    for head in heads:
        content. append(head)
        #head 转为编号 id，放入列表，用于预测
        token_ids. append(tokenizer. token_to_id(head))
        #开始生成一句诗
        target＝−1;
        while target not in punctuation_ids: #遇到逗号、句号，说明本句结束，开始下一句
            #预测词的编号
            target＝predict(model,token_ids)
            #因为可能预测到 END，所以加一个判断
            if target > 3:
                #保存结果到 token_ids 中，下一次预测还要用
                token_ids. append(target)
                content. append(tokenizer. id_to_token(target))

```
        return "". join(content)
'''
模型保存及加载
'''
class ShowSaveCallback(tf. keras. callbacks. Callback):
    def _init_(self):
        super(). _init_()
        #给一个初始最大值
        self. loss=float("inf")
    def on_epoch_end(self,epoch,logs=None):
        #保留损失最低的模型
        if logs[' loss' ] <=self. loss:
            self. loss=logs[' loss' ]
            model. save(". /rnn_model. h5")
        #查看本次训练的效果
        print()
        for i in range(5):
            print(generate_random_poem(tokenizer,model))
#开始训练
model. fit(
    dataset. generator(),
    steps_per_epoch=dataset. steps,
    epochs=10,
    callbacks=[ShowSaveCallback()]
)
model=tf. keras. models. load_model(". /rnn_model. h5")
```

3. 案例结果

通过前面一系列网络的训练，对古诗进行了学习生成，如图 5-3 所示。

```
1/1 [==============================] - 0s 24ms/step
春木松边起，红蓉路自群。空云水雨起，人处万峰清。何去年人苦，乡空不可能。愁何求将住，唯可道还还。
1/1 [==============================] - 0s 20ms/step
```

图 5-3　LSTM 算法训练后生成的古诗

►►│5. 2　基于 HarDNet 的遥感图像分割 ►► ►

5. 2. 1　案例基本信息

本案例通过对基于 HarDNet 的遥感图像分割所用到的基本理论知识进行简单介绍，帮助读者更深入地了解机器学习。

1. 案例涉及的基本理论知识点

基于 HarDNet 的遥感图像分割涉及深度学习、卷积神经网络（CNN）等基本理论。该方法利用 HarDNet 网络结构进行图像特征提取,以实现遥感图像的语义分割任务。在训练过程中,关键概念包括损失函数(如交叉熵、Dice 损失)、数据增强技术、迁移学习以及优化算法(如随机梯度下降)等。模型的性能评估通常使用 IoU、准确率等指标。此外,了解遥感图像的特性,如不同波段信息、分辨率、云覆盖等,对于设计有效的网络架构和处理输入数据至关重要。在实践中,GPU 加速和分布式训练也可能用于提高训练效率。这些基本理论知识点共同构成了 HarDNet 在遥感图像分割中的应用基础。

2. 案例使用的平台、语言及库函数

平台:PyCharm。

语言:Python。

库函数:paddlepaddle、paddleseg。

5.2.2 案例设计方案

本小节主要对基于 HarDNet 的遥感图像分割的步骤及其创新点进行介绍。

1. 案例描述

遥感图像分割旨在对遥感图像进行像素级内容解析,对遥感图像分类别进行提取,在城乡规划、防汛救灾等领域具有很高的实用价值,在工业界也受到了广泛关注。现有的遥感图像分割数据处理方法局限于特定的场景和特定的数据来源,且精度无法满足需求。因此,在实际应用中,仍然大量依赖于人工处理,需要消耗大量的人力、物力、财力。本项案例旨在衡量遥感图像地块分割模型在多个类别(如建筑、道路、林地等)上的效果,利用人工智能技术,对多来源、多场景的异构遥感图像数据进行充分挖掘,打造高效、实用的算法,提高遥感图像的分析提取能力。本案例技术路线图如图 5-4 所示。

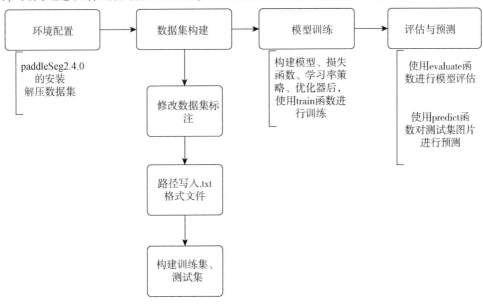

图 5-4 基于 HarDNet 的遥感图像分割案例技术路线图

2. 案例创新点

选用 HarDNet 网络模型,在提高计算效率的同时降低功耗,为实时处理提供了可能性。

5.2.3 案例实现

WHDLD 是一个密集标签数据集，可用于多标签任务，如遥感图像检索和分类，以及其他基于像素的任务，如语义分割(在遥感中也称为分类)。本数据集用以下 6 个类别标签标记每幅图像的像素，即裸露封(bare soil)、建筑(building)、路面(pavement)、道路(rond)、植被(vegetation)和水(water)。

1. 案例数据样例或数据集

本案例的数据来源为 https：//sites. google. com/view/zhouwx/dataset#h. p_hQS2jYeaFpV0。原始图像如图 5-5 所示。

图 5-5 原始图像

处理后的图像如图 5-6 所示。

图 5-6 处理后的图像

类别标签如图 5-7 所示。

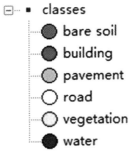

图 5-7 类别标签

2. 案例代码

基于 HarDNet 的遥感图像分割案例的代码如下:

```
#在同级目录下解压所挂载的数据集
get_ipython(). system(' unzip -oq data/data84831/Meat_Quality_Assessment_Dataset. zip -d data/data84831' )
#删除压缩包
get_ipython(). system(' rm -r data/data84831/Meat_Quality_Assessment_Dataset. zip' )
get_ipython(). system(' rm -r data/data84831/README. txt' )
get_ipython(). system(' rm -r data/data84831/license. txt' )
#查看数据集的目录结构
get_ipython(). system(' tree data/data84831 -d' )
import os
import random
import cv2
import matplotlib. pyplot as plt
import glob
import numpy as np
import paddle
import paddle. vision. transforms as T
from paddle. vision. models import resnet50
from paddle. metric import Accuracy
from PIL import Image
#处理数据
#输入数据集路径，生成记录训练集和测试集的 .txt 格式文件
file_dir="data"
data_list=[]
if(os. path. exists(' data/train. txt' )):   #判断有误文件
    os. remove(' data/train. txt' )   #删除文件
if(os. path. exists(' data/validation. txt' )):
    os. remove(' data/validation. txt' )
```

```
    for i in os. listdir(file_dir):
        class_id=0
        path=os. path. join(file_dir,i)
        if os. path. isdir(path):
            for j in os. listdir(path):
                class_id +=1
                for k in os. listdir(os. path. join(path,j)):
                    s=os. path. join(path,j,k) + " " + str(class_id − 1)
                    #print(s)
                    data_list. append(s)
random. shuffle(data_list)
print(data_list[0])
data_len=len(data_list)
count=0
for data in data_list:
    if count <=data_len* 0. 2:
        with open(' data/validation. txt' ,' a' )as f:
            f. write(data + ' \n' )
            count +=1
    else:
        with open(' data/train. txt' ,' a' )as tf:    #80%写入训练集
            tf. write(data + ' \n' )
            count +=1
#语义分割数据集抽样可视化
plt. rcParams[' font. sans−serif' ]=[' SimHei' ]
plt. rcParams[' axes. unicode_minus' ]=False
get_ipython(). run_line_magic(' matplotlib' ,' inline' )
#读取数据集中的图片
image_path_list=[]
f=open(f' data/train. txt' )
for line in f:
    temp=line. split(' ' )
    image_path_list. append(temp[0])
test_list=[' data/data84831/Fresh/test_20171016_120921D.TIF' ,' data/data84831/Spoiled/test_20171017_
210921D.TIF' ]
    plt. figure(figsize=(8,8))
    for i in range(len(test_list)):
    plt. subplot(len(test_list),2,i + 1)
    plt. title(test_list[i])
    plt. imshow(cv2. imread(test_list[i])[:,:,::−1])
```

```python
plt. show()
#计算图像数据整体均值和方差
def get_mean_std(image_path_list):
    print(' Total images:' ,len(image_path_list))
    max_val,min_val=np. zeros(3),np. ones(3) *  255
    mean,std=np. zeros(3),np. zeros(3)
    for image_path in image_path_list:
        image=cv2. imread(image_path)
        for c in range(3):
            mean[c] +=image[:,:,c]. mean()
            std[c] +=image[:,:,c]. std()
            max_val[c]=max(max_val[c],image[:,:,c]. max())
            min_val[c]=min(min_val[c],image[:,:,c]. min())
    mean /=len(image_path_list)
    std /=len(image_path_list)
    mean /=max_val - min_val
    std /=max_val - min_val
    return mean,std
mean,std=get_mean_std(image_path_list)
print(' mean:' ,mean)
print(' std:' ,std)
#数据集类的定义
class MeatDataset(paddle. io. Dataset):
    def _init_(self,mode=' train' ):
        """
        初始化函数
        """
        self. data=[]
        with open(f' data/{mode}. txt' ) as f:
            for line in f. readlines():
                info=line. strip(). split(' ' )
                if len(info) > 0:
                    self. data. append([info[0]. strip(),info[1]. strip()])
        self. transform=T. Compose([
        T. Resize(size=(224,224)),
        T. ToTensor(),
        T. Normalize(mean=127. 5,std=127. 5)])
    def __getitem__(self,index):
        """
        读取图片，对图片进行归一化处理，返回图片和标签
        """
```

```
        image_file,label=self. data[index]   #获取数据
        img=Image. open(image_file)  #读取图片
        img=img. convert(' RGB' )
        img=img. resize((224,224),Image. ANTIALIAS)   #图片大小样式归一化
        img=np. array(img). astype(' float32' )   #转换成数组类型浮点型 32 位
        img=img. transpose((2,0,1))        #读出来的图像是 rgb、rgb、rbg...，转置为 rrr...、ggg...、bbb
        img=img/255. 0   #数据缩放到 0~1 的范围
        #label=np. random. randint(low=0,high=self. num_classes,size=(1,))
        return img,np. array(label,dtype=' int64' )
    def _len_(self):
        """
        获取样本总数
        """
        return len(self. data)
#数据集类的测试
train_dataset=MeatDataset(mode=' train' )
val_dataset=MeatDataset(mode=' validation' )
print(len(train_dataset))
print(len(val_dataset))
image,label=train_dataset[0]
print(image. shape,label. shape)
for image,label in train_dataset:
    print(image. shape,label. shape)
    break
train_dataloader=paddle. io. DataLoader(
    train_dataset,
    batch_size=128,
    shuffle=True,
    drop_last=False)
for step,data in enumerate(train_dataloader):
    image,label=data
    print(step,image. shape,label. shape)
#模型准备与可视化
#build model and visualize
model=resnet50()
paddle. summary(model,(1,3,224,224))
model=paddle. Model(model)
optim=paddle. optimizer. Momentum(
    learning_rate=0. 001,
    momentum=0. 9,
    parameters=model. parameters(),
```

```
weight_decay=0.001)
model. prepare(
    optimizer=optim,
    loss=paddle. nn. CrossEntropyLoss(),
    metrics=Accuracy()
    )
#模型训练
#train prepare
model. fit(
    train_dataset,
    epochs=10,
    batch_size=128,
    verbose=1
    )
#预测模型
#预测准备
model. evaluate(val_dataset,batch_size=128,verbose=1)
```

3. 案例结果

修改数据集标注后的输出对比结果如图5-8所示。

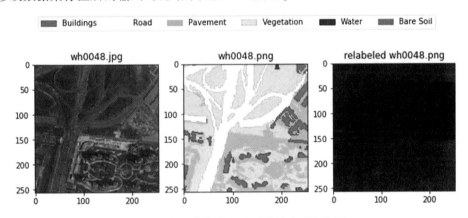

图5-8　修改数据集标注后的输出对比结果

模型评估如图5-9所示。

经过10000次训练，mIOU可以达到0.69左右。

```
2022-03-17 15:19:50 [INFO]     [EVAL] #Images: 493 mIoU: 0.6923 Acc:
0.8736 Kappa: 0.8222 Dice: 0.8087
2022-03-17 15:19:50 [INFO]     [EVAL] Class IoU:
[0.6245 0.6726 0.5249 0.8296 0.5456 0.9565]
2022-03-17 15:19:50 [INFO]     [EVAL] Class Acc:
[0.7703 0.7968 0.68   0.9039 0.7765 0.9777]
```

图5-9　模型评估

将数据集中的图片路径写入.txt格式文件，如图5-10所示。

图 5-10　将数据集中的图片路径写入 .txt 格式文件

预测效果可视化如图 5-11 所示。

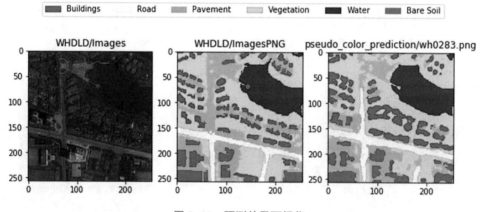

图 5-11　预测效果可视化

本章小结

本章主要介绍了可用于处理分类与回归问题的神经网络，具体通过基于 LSTM 生成古诗和基于 HarDNet 的遥感图像分割两个案例来展示如何应用神经网络模型解决实际问题。案例技术路线图都是从环境配置、数据集构建、模型训练及评估预测几个方面进行的。

本章习题

1. 神经网络的主要特点是(　　　)。

A. 可以自主学习和适应

B. 只能处理数值型数据

C. 必须人为地编写规则和决策过程

D. 只能处理线性可分问题

2. 神经网络的训练过程是(　　　)。

A. 通过不断调整神经元之间的连接权重来使预测结果与真实结果之间的误差最小化

B. 通过对输入数据进行特征选择和降维来提高神经网络的性能

C. 通过对输入数据的分布进行模型拟合，从而实现对新数据的预测

D. 通过对神经元之间的连接方式进行调整，从而实现对不同问题的处理

3. 神经网络只能处理数值型数据。(判断题)

4. 神经网络的训练过程是通过对输入数据进行特征选择和降维来提高神经网络的性能。(判断题)

5. 神经网络的训练过程是通过不断调整神经元之间的连接权重来使预测结果与真实结果之间的_____最小化。

6. 什么是神经网络？它与传统计算机算法的区别是什么？

7. 神经网络的训练过程是什么？如何衡量神经网络的性能？

习题答案

1. A。　2. A。

3. ×。　4. ×。

5. 误差。

6. 神经网络是一种模拟人类神经系统的计算模型，它由大量的神经元(节点)组成，这些神经元之间通过连接传递信息，从而实现对输入数据的处理和输出结果的预测。与传统计算机算法相比，神经网络更加适用于处理大量数据和复杂问题，能够自主学习和适应，不需要人为地编写规则和决策过程。

7. 神经网络的训练过程是通过不断调整神经元之间的连接权重来使神经网络的输出结果尽可能接近于真实结果的过程。训练过程中，通常使用一些优化算法(如梯度下降法)来最小化预测结果与真实结果之间的误差。神经网络的性能可以通过计算预测结果与真实结果之间的误差来进行衡量，常用的误差计算方法包括均方误差和交叉熵等。

第 6 章

Python 实现支持向量机算法

📖 章前引言

支持向量机算法是有监督学习中最具有影响力的机器学习算法之一，该算法的诞生可追溯至 20 世纪 60 年代，苏联学者弗拉基米尔·万普尼克（Vladimir Naumovich Vapnik）在解决模式识别问题时提出这种算法模型，此后又经过几十年的发展，直至 1995 年支持向量机算法才真正地完善起来，其典型应用是解决手写字符识别问题。

📖 教学目的与要求

了解几种用于解决二分类问题的支持向量机的算法及其关系；理解间隔的概念、支持向量对支持向量机的作用、原始问题与对偶问题之间的关系、软间隔支持向量机的原理、支持向量回归算法与核支持向量机的基本思想；掌握支持向量机、软间隔支持向量机、支持向量回归算法与核支持向量机的用法与求解超平面的过程。

📖 学习重点

1. 掌握支持向量机的原理。
2. 掌握软间隔支持向量机的原理与适用范围。
3. 掌握支持向量回归算法的主要思想。
4. 掌握核支持向量机的原理与求解超平面的过程。

📖 学习难点

1. 原始问题与对偶问题之间的关系。
2. 使用支持向量机、软间隔支持向量机、支持向量回归算法与核支持向量机求解超平面的方法与过程。

素养目标

1. 提高发现问题并解决问题的能力。
2. 培养将理论与实际紧密联系的能力。

▶▶ 6.1 SVM 算法 ▶▶▶

在深度学习出现以前,支持向量机(Support Vector Machines,SVM)算法是数据挖掘的宠儿,它被认为是机器学习近十几年最成功、表现最好的算法之一。SVM 算法具有十分完整的数据理论证明,但同时理论也相当复杂,它既可以用于回归,也可以用于分类问题。

6.1.1 案例基本信息

本小节对本案例的基本思路以及创新点进行了介绍。

1. 案例涉及的基本理论知识点

SVM 是一类按监督学习方式对数据进行二元分类的广义线性分类器,其学习策略便是间隔最大化,最终可转化为一个凸二次规划问题的求解。

在样本空间中,划分超平面可通过以下线性方程来描述

$$\boldsymbol{w}^{\mathrm{T}}\boldsymbol{x} + b = 0 \tag{6-1}$$

其中,$\boldsymbol{w} = (w_1, w_2, \cdots, w_d)$ 为法向量,决定了超平面的方向;b 为位移,决定了超平面与原点之间的距离。显然,划分超平面可被法向量 $\boldsymbol{w}$ 和位移 b 确定,下面我们将其记为 $(\boldsymbol{w}, b)$。样本空间中任意点 x 到超平面 $(\boldsymbol{w}, b)$ 的距离可写为

$$r = \frac{|\boldsymbol{w}^{\mathrm{T}}x + b|}{\|\boldsymbol{w}\|} \tag{6-2}$$

假设超平面 $(\boldsymbol{w}, b)$ 能将训练样本正确分类,即对于 $(\boldsymbol{x}_i, y_i) \in D$,若 $y_i = +1$,则有 $\boldsymbol{w}^{\mathrm{T}}\boldsymbol{x}_i + b > 0$;若 $y_i = -1$,则有 $\boldsymbol{w}^{\mathrm{T}}\boldsymbol{x}_i + b < 0$。令

$$\begin{cases} \boldsymbol{w}^{\mathrm{T}}\boldsymbol{x}_i + b \geqslant +1, & y_i = +1 \\ \boldsymbol{w}^{\mathrm{T}}\boldsymbol{x}_i + b \leqslant +1, & y_i = -1 \end{cases} \tag{6-3}$$

距离超平面最近的几个训练样本点使式(6-3)的等号成立,它们被称为支持向量,两个异类支持向量到超平面的距离之和为

$$r = \frac{2}{\|\boldsymbol{w}\|} \tag{6-4}$$

它被称为间隔。支持向量与间隔如图 6-1 所示。

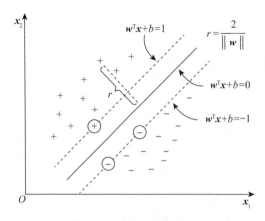

图 6-1 支持向量与间隔

欲找到具有最大间隔的划分超平面，也就是要找到能满足式（6-3）中约束的参数 $\boldsymbol{w}$ 和 b，使 r 最大，即

$$\max_{\boldsymbol{w},\, b} \frac{2}{\| \boldsymbol{w} \|}$$

$$\text{s. t.} \quad y_i(\boldsymbol{w}^{\mathrm{T}}\boldsymbol{x}_i + b) \geq 1, \quad i = 1, 2, \cdots, m \tag{6-5}$$

显然，为了最大化间隔，仅需最大化 $\| \boldsymbol{w} \|^{-1}$，这等价于最小化 $\| \boldsymbol{w} \|^2$。于是，式（6-5）可重写为

$$\min_{\boldsymbol{w},\, b} \frac{1}{2} \| \boldsymbol{w} \|^2$$

$$\text{s. t.} \quad y_i(\boldsymbol{w}^{\mathrm{T}}\boldsymbol{x}_i + b) \geq 1, \quad i = 1, 2, \cdots, m \tag{6-6}$$

这就是 SVM 的基本型。

2. 案例使用的平台、语言及库函数

平台：PyCharm。

语言：Python。

库函数：sklearn、matplotlib、numpy。

6.1.2 案例设计方案

本小节对 SVM 算法步骤及其创新点进行介绍。

1. 案例描述

（1）原始问题是一个凸二次规划问题，即

$$\min_{\boldsymbol{w},\, b} \frac{1}{2} \| \boldsymbol{w} \|^2$$

$$\text{s. t.} \quad y_i(\boldsymbol{w}^{\mathrm{T}}\boldsymbol{x}_i + b) \geq 1, \quad i = 1, 2, \cdots, N \tag{6-7}$$

（2）对偶问题。可采用对偶算法解决此类问题，即将原始最优化问题应用拉格朗日对偶性，求解对偶问题得到原始问题的最优解。

将原始问题转化为对偶问题，有

$$\min\left\{ \frac{1}{2} \sum_{i=1}^{N} \sum_{i=1}^{N} a_i a_j y_i y_j (\boldsymbol{x}_i \cdot \boldsymbol{x}_j) - \sum_{i=1}^{N} a_i \right\}$$

$$\text{s.t.} \quad \sum_{i=1}^{N} a_i y_i = 0, \ a_i \geqslant 0, \ i = 1, 2, \cdots, N \tag{6-8}$$

其中，$\boldsymbol{a} = (a_1, a_2, \cdots, a_N)^{\mathrm{T}}$ 为拉格朗日乘子向量。

定理：设 $\boldsymbol{a}^* = (a_1^*, a_2^*, \cdots, a_N^*)^{\mathrm{T}}$ 是以上对偶问题的解，则存在 j，使 j 为最大 a_j^* 对应的索引，并按下式求得原始问题的解 $\boldsymbol{w}^*$ 和 b^*

$$\boldsymbol{w}^* = \sum_{i=1}^{N} a_i^* y_i \boldsymbol{x}_i \tag{6-9}$$

$$b^* = y_i - \sum_{i=1}^{N} a_i^* y_i (\boldsymbol{x}_i \cdot \boldsymbol{x}_j) \tag{6-10}$$

（3）求得分离超平面

$$\boldsymbol{w}^* \cdot \boldsymbol{x} + b^* = 0 \tag{6-11}$$

分类决策函数

$$f(\boldsymbol{x}) = \mathrm{sign}(\boldsymbol{w}^* \cdot \boldsymbol{x} + b^*) \tag{6-12}$$

本案例技术路线图如图 6-2 所示。

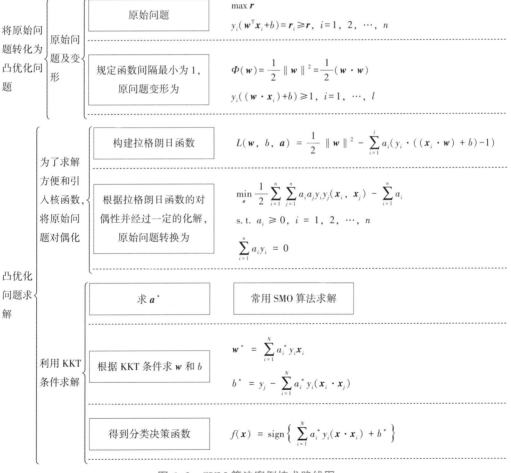

图 6-2　SVM 算法案例技术路线图

2. 案例创新点

（1）SVM 算法可以解决小样本情况下的机器学习问题，简化了通常的分类和回归等问题。

（2）由于采用核函数克服了维数灾难和非线性可分的问题，因此向高维空间映射时没有增加计算的复杂性。换句话说，由于 SVM 算法的最终决策函数只由少数的支持向量所确定，所以计算的复杂性取决于支持向量的数目，而不是样本空间的维数。

（3）SVM 算法利用松弛变量可以允许一些点到分类平面的距离不满足原先要求，从而避免这些点对模型学习的影响。

6.1.3 案例实现

本小节利用 sklearn 库中的 make_blobs 函数创建的数据集，测试 SVM 算法的性能。

1. 案例数据样例或数据集

先使用 sklearn. datasets 库中的 make_blobs 函数生成包含 50 个数据点的数据集，然后将其分为两类，得到数据样本 x 的维度为(50, 2)，标签样本 y 的维度为(1, 50)。生成的 x 和 y 如下。

$$
x = \begin{bmatrix}
6.45519089 & -9.46356669 \\
8.49142837 & -2.54974889 \\
6.87151089 & -10.18071547 \\
9.49649411 & -3.7902975 \\
7.67619643 & -2.82620437 \\
6.3883927 & -9.25691447 \\
9.24223825 & -3.88003098 \\
5.95313618 & -6.82945967 \\
6.86866543 & -10.02289012 \\
7.52132141 & -2.12266605 \\
7.29573215 & -4.39392379 \\
\cdots & \cdots \\
7.97164446 & -3.38236058
\end{bmatrix}
$$

y = [1 0 1 0 0 1 0 1 1 0 0 1 1 0 0 0 1 0 0 1 1 0 0 1 0 0 0 0 1 1 0 0 1 0 0 0 1 1 1 1 1 0 0 1 1 1 1 1 1 0]

2. 案例代码

首先将 sklearn 库的 svm. SVC 模型中的 kernel 参数取 linear，然后用样本数据训练模型，最后画出样本数据、超平面和支持向量。SVM 算法案例的代码如下：

```
import numpy as np
import matplotlib. pyplot as plt
from sklearn import svm
from sklearn. datasets import make_blobs
#这里创建了 50 个数据点，并将它们分为两类
```

```
x,y=make_blobs(n_samples=50,centers=2,random_state=6)
#构建一个内核为线性的支持向量机模型
clf=svm. SVC(kernel="linear",C=1000)
clf. fit(x,y)
plt. scatter(x[:,0],x[:,1],c=y,s=30,cmap=plt. cm. Paired)
#建立图形坐标
ax=plt. gca()
xlim=ax. get_xlim() #获取数据点 x 坐标的最大值和最小值
ylim=ax. get_ylim() #获取数据点 y 坐标的最大值和最小值
#根据坐标轴生成等差数列(这里是对参数进行网格搜索)
xx=np. linspace(xlim[0],xlim[1],30)
yy=np. linspace(ylim[0],ylim[1],30)
YY,XX=np. meshgrid(yy,xx)
xy=np. vstack([XX. ravel(),YY. ravel()]). T
Z=clf. decision_function(xy). reshape(XX. shape)
#画出分类的边界
ax. contour(XX,YY,Z,colors=' k' ,levels=[- 1,0,1],alpha=0. 5,linestyles=["- - ","- ","- - "])
ax. scatter(clf. support_vectors_[:,0],clf. support_vectors_[:,1],s=100,linewidths=1,facecolors="none")
plt. show()
```

3. 案例结果

SVM 算法案例代码的运行结果如图 6-3 所示。由运行结果可以看出，创建的两类样本数据大致分别分布于左下角和右上角，虚线表示支持向量，将这两类样本完全分到了其两侧，实线是超平面，即最优分类面。

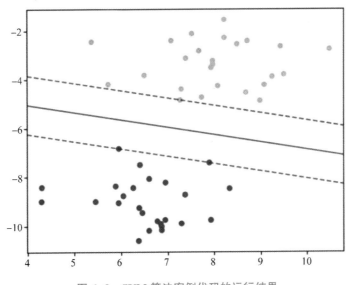

图 6-3　SVM 算法案例代码的运行结果

▶▶|6.2 软间隔 SVM 算法 ▶▶ ▶

上一小节的线性 SVM 训练样本在样本空间或特征空间中是线性可分的，即存在一个超平面能将两个类别的数据完全分开。然而，在现实任务中，很难找到合适的核函数来使样本在特征空间中线性可分。退一步说，即使恰好找到某个核函数使训练样本在特征空间中线性可分，也很难断定这个貌似线性可分的结果不是由于过拟合造成的，本节介绍的软间隔 SVM 算法是解决该问题的较好办法。

6.2.1 案例基本信息

本小节对软间隔 SVM 算法所用到的基本理论知识进行简单介绍。

1. 案例涉及的基本理论知识点

前面介绍的 SVM 要求所有样本都必须划分正确，这种方法称为硬间隔（Hard Margin），而软间隔（Soft Margin）则是允许 SVM 在一些样本上出错。软间隔示意如图 6-4 所示。

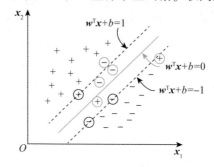

图 6-4　软间隔示意

优化目标可以写为

$$\min_{\boldsymbol{w},\,b}\left\{\frac{1}{2}\,\|\,\boldsymbol{w}\,\|^{2}+c\sum_{i=1}^{m}l_{0/1}\big[y_{i}(\boldsymbol{w}^{\mathrm{T}}\boldsymbol{x}_{i}+b)-1\big]\right\} \tag{6-13}$$

其中，$l_{0/1}$ 是 0/1 损失函数。

正则化常数 $c>0$，若 c 为无穷大，则等价于要求所有的样本都分类正确，否则允许一部分极少的样本分类错误。

这种方法存在的问题是 0/1 损失函数非凸、非连续，不易优化。

3 种常见的替代损失函数分别是 hinge 损失、指数损失、对率损失函数，如图 6-5 所示。

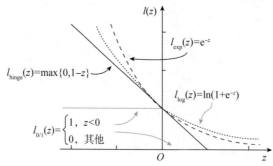

图 6-5　3 种常见的替代损失函数

采用 hinge 函数，原始问题变成

$$\min_{\boldsymbol{w},\, b}\left\{\frac{1}{2}\parallel \boldsymbol{w}\parallel^{2} + c\sum_{i=1}^{m}\max\left[0,\ 1 - y_{i}(\boldsymbol{w}^{\mathrm{T}}\boldsymbol{x}_{i} + b)\right]\right\} \tag{6-14}$$

引入松弛变量 $\xi_i \geqslant 0$，则

$$\min_{\boldsymbol{w},\, b,\, \xi_i}\left\{\frac{1}{2}\parallel \boldsymbol{w}\parallel^{2} + c\sum_{i=1}^{m}\xi_i\right\} \tag{6-15}$$

$$\mathrm{s.\,t.}\quad y_{i}(\boldsymbol{w}^{\mathrm{T}}\boldsymbol{x}_{i} + b) \geqslant 1 - \xi_i,\ \xi_i \geqslant 0,\ i = 1,\ 2,\ \cdots,\ m$$

2. 案例使用的平台、语言及库函数

平台：PyCharm。

语言：Python。

库函数：sklearn、matplotlib、numpy。

6.2.2　案例设计方案

本小节对软间隔 SVM 算法步骤及其创新点进行介绍。

1. 案例描述

（1）原始问题为

$$\min_{\boldsymbol{w},\, b,\, \xi_i}\left\{\frac{1}{2}\parallel \boldsymbol{w}\parallel^{2} + c\sum_{i=1}^{m}\xi_i\right\} \tag{6-16}$$

$$\mathrm{s.\,t.}\ y_{i}(\boldsymbol{w}^{\mathrm{T}}\boldsymbol{x}_{i} + b) \geqslant 1 - \xi_i,\ i = 1,\ 2,\ \cdots,\ N$$

（2）对偶问题。将原始问题转化为对偶问题：

$$\min_{\boldsymbol{a}}\left\{\frac{1}{2}\sum_{i=1}^{N}\sum_{j=1}^{N}a_i a_j y_i y_j(\boldsymbol{x}_i \cdot \boldsymbol{x}_j) - \sum_{i=1}^{N}a_i\right\} \tag{6-17}$$

$$\mathrm{s.\,t.}\ \sum_{i=1}^{N}a_i y_i = 0,\ 0 \leqslant a_i \leqslant c,\ i = 1,\ 2,\ \cdots,\ N$$

用以下公式计算

$$\boldsymbol{w}^{*} = \sum_{i=1}^{N}a_i^{*} y_i \boldsymbol{x}_i \tag{6-18}$$

选择 $\boldsymbol{a}^{*}$ 的一个正分量 $0 \leqslant a_i^{*} \leqslant c$，得

$$b^{*} = y_i - \sum_{i=1}^{N}a_i^{*} y_i(\boldsymbol{x}_i \cdot \boldsymbol{x}_j) \tag{6-19}$$

（3）求得分离超平面为

$$\boldsymbol{w}^{*} \cdot \boldsymbol{x} + b^{*} = 0 \tag{6-20}$$

分类决策函数为

$$f(\boldsymbol{x}) = \mathrm{sign}(\boldsymbol{w}^{*} \cdot \boldsymbol{x} + b^{*}) \tag{6-21}$$

软间隔 SVM 算法案例技术路线图如图 6-6 所示。

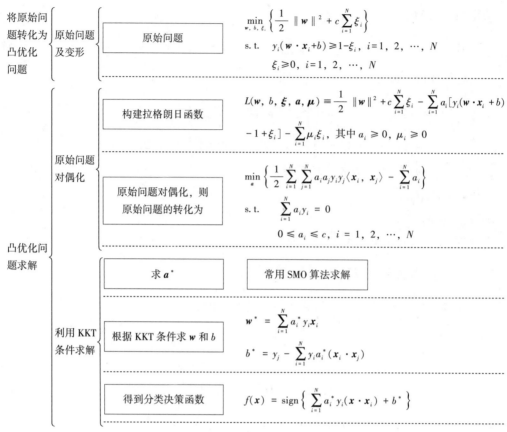

图 6-6　软间隔 SVM 算法案例技术路线图

2. 案例创新点

软间隔 SVM 缓解了以下问题：现实任务中很难确定合适的核函数使训练样本在特征空间中线性可分，即使恰好找到了某个核函数使训练样本在特征空间中线性可分，也很难判定这个貌似线性可分的结果不是由于过拟合造成的。

6.2.3 案例实现

1. 案例数据样例或数据集

本案例使用鸢尾花数据集，这个数据集里一共包括 150 个数据，其中前 4 列为花萼长度、花萼宽度、花瓣长度、花瓣宽度，它们用于识别鸢尾花的属性；第五列为鸢尾花的类别（包括 Iris-setosa、Iris-versicolour、Iris-virginica 这 3 类）。通过判定花萼长度、花萼宽度、花瓣长度、花瓣宽度来识别鸢尾花的类别。

2. 案例代码

首先导入鸢尾花数据集，选取其前两个特性；然后对这 3 类样本数据，软间隔 SVM 算法采用线性核函数、高斯核函数和多项式核函数对该样本数据进行分类；最后以第一列特性（花萼长度）作为横坐标，第二列特性（花萼宽度）作为纵坐标绘制结果。本案例定义了一个 make_meshgrid 函数和一个 plot_contours 函数，前者是将鸢尾花数据集的前两个特性分别作为横、纵坐标创建网格点，后者是为了绘制分类器的决策边界。软间隔 SVM 算法案例的代码如下：

```
import matplotlib. pyplot as plt
from sklearn import svm,datasets
def make_meshgrid(x,y,h=. 02):
"""创建一个网格点来绘制
-------
参数:
x: 基于 x 轴网格的数据
y: 基于 y 轴网格的数据
h: 网格步长(可选)
-------
返回值:
xx, yy: 多维的数组对象
"""
x_min,x_max=x. min() - 1,x. max() + 1
y_min,y_max=y. min() - 1,y. max() + 1
xx,yy=np. meshgrid(np. arange(x_min,x_max,h),np. arange(y_min,y_max,h))
return xx,yy
def plot_contours(ax,clf,xx,yy,* * params):
"""绘制分类器的决策边界
----------
参数:
ax: matplotlib 轴对象
clf: 一个分类器
xx: 网格多维的数组对象
"""
Z=clf. predict(np. c_[xx. ravel(),yy. ravel()])
Z=Z. reshape(xx. shape)
out=ax. contourf(xx,yy,Z,* * params)
return out
#导入相关数据
iris=datasets. load_iris()
#以前两个特性为例
X=iris. data[:,:2]
y=iris. target
#创建了一个支持向量机实例并拟合数据。因为要绘制支持向量，所以不缩放数据
C=1. 0   #SVM 正则化参数
models=(svm. SVC(kernel=' linear' ,C=C),
svm. LinearSVC(C=C),
svm. SVC(kernel=' rbf' ,gamma=0. 7,C=C),
svm. SVC(kernel=' poly' ,degree=3,C=C))
models=(clf. fit(X,y) for clf in models)
#设置标题
titles=(' SVC with linear kerne)' ,
```

```
' LinearSVC (linear kernel)',
' SVC with RBF kernel',
' SVC with polynomial (degree 3) kernel')
#设置 2×2 网格
fig,sub=plt. subplots(2,2)
plt. subplots_adjust(wspace=0. 4,hspace=0. 4)
X0,X1=X[:,0],X[:,1]
xx,yy=make_meshgrid(X0,X1)
for clf,title,ax in zip(models,titles,sub. flatten()):
plot_contours(ax,clf,xx,yy,cmap=plt. cm. coolwarm,alpha=0. 8)
ax. scatter(X0,X1,c=y,cmap=plt. cm. coolwarm,s=20,edgecolors=' k')
ax. set_xlim(xx. min(),xx. max())
ax. set_ylim(yy. min(),yy. max())
ax. set_xlabel(' Sepal length')
ax. set_ylabel(' Sepal width')
ax. set_xticks(())
ax. set_yticks(())
ax. set_title(title)
plt. show()
```

3. 案例结果

软间隔 SVM 算法案例代码的运行结果如图6-7所示。由运行结果可以看出,线性核函数和多项式核函数在非线性数据上的表现会浮动,若数据相对线性可分,则表现不错,二者即便有扰动项也可以表现不错。可见,多项式核函数虽然也可以处理非线性情况,但更偏向于线性的功能,而高斯核函数基本在任何数据集上都表现不错,属于比较万能的核函数。

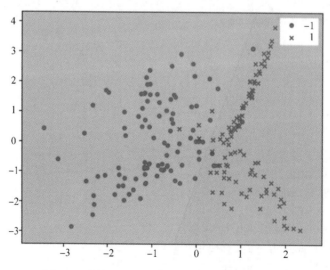

图 6-7 软间隔 SVM 算法案例代码的运行结果

▶▶▶ 6.3　核 SVM 算法 ▶▶▶

6.3.1　案例基本信息

1. 案例基本理论知识点

向数据集中添加非线性特征，可以让线性模型变得更有效。有一种巧妙的数学方法，让我们可以在更高维空间中学习分类器，而不用实际计算可能非常大的新数据表示。这种技巧叫作核技巧，它的原理是直接计算扩展特征表示中数据点之间的距离（更准确地说是内积），而不用实际对扩展进行计算。

2. 案例使用的平台、语言及库函数

平台：Pycharm。
语言：Python。
库函数：sklearn、matplotlib、numpy。

6.3.2　案例设计方案

本小节对核 SVM 算法步骤及其创新点进行简单介绍。

令 $\phi(x)$ 表示将 x 映射后的特征向量，于是在特征空间中，划分超平面可通过以下线性方程来描述

$$w^{\mathrm{T}}\phi(x) + b = 0 \tag{6-22}$$

欲找到具有最大间隔（Maximum Margin）的划分超平面，也就是要找到能满足式（6-3）中约束的参数 w 和 b，使 r 最大，即

$$\min_{w,\,b}\left\{\frac{1}{2}\parallel w \parallel^2\right\} \tag{6-23}$$

$$\text{s. t. } y_i(w^{\mathrm{T}}\phi(x) + b) \geqslant 1,\ i = 1,\ 2,\ \cdots,\ m$$

其对偶问题为

$$\max_{a}\left\{\sum_{i=1}^{m} a_i - \frac{1}{2}\sum_{i=1}^{m}\sum_{j=1}^{m} a_i a_j y_i y_j \phi(x_i)^{\mathrm{T}}\phi(x_j)\right\} \tag{6-24}$$

$$\text{s. t. } \sum_{i=1}^{m} a_i y_i = 0,\ i = 1,\ 2,\ \cdots,\ m$$

求解式（6-24）涉及 $\phi(x_i)^{\mathrm{T}}\phi(x_j)$ 的计算，这个内积表示了样本在特征空间中的映射，由于特征空间的维数通常可能非常高，甚至可能是无穷维的，因此直接计算这个内积通常是困难的。为了避开这个障碍，可以设想这样一个函数

$$\kappa(x_i,\ x_j) = \phi(x_i)^{\mathrm{T}}\phi(x_j) \tag{6-25}$$

于是式（6-24）可重写为

$$\max_{a}\left\{\sum_{i=1}^{m} a_i - \frac{1}{2}\sum_{i=1}^{m}\sum_{j=1}^{m} a_i a_j y_i y_j \kappa(x_i,\ x_j)\right\} \tag{6-26}$$

$$\text{s. t. } \sum_{i=1}^{m} a_i y_i = 0,\ i = 1,\ 2,\ \cdots,\ m$$

其中，函数 $\kappa(\pmb{x}_i, \pmb{x}_j)$ 就是核函数（Kerel Function）。

6.3.3 案例实现

1. 案例数据样例或数据集

本案例创建数据集的方法同 6.1 节中的一致，此处不再赘述。

2. 案例代码

核 SVM 算法案例的代码如下：

```
import numpy as np
from sklearn. svm import SVR
import matplotlib. pyplot as plt
#产生样本
X=np. sort(5 * np. random. rand(40,1),axis=0)  #产生40组数据，每组一个数据，axis=0表示按列
排列，axis=1表示按行排列
y=np. sin(X). ravel()   #np. sin 函数输出的是列，和 X 对应，ravel 表示转换成行
#给目标添加噪声
y[::5] +=3 *  (0. 5 – np. random. rand(8))
#Fit regression model
svr_rbf=SVR(kernel=' rbf' ,C=1e3,gamma=0. 1)
svr_lin=SVR(kernel=' linear' ,C=1e3)
svr_poly=SVR(kernel=' poly' ,C=1e3,degree=2)
y_rbf=svr_rbf. fit(X,y). predict(X)
y_lin=svr_lin. fit(X,y). predict(X)
y_poly=svr_poly. fit(X,y). predict(X)
lw=2
plt. scatter(X,y,color=' darkorange' ,label=' data' )
plt. plot(X,y_rbf,color=' navy' ,lw=lw,label=' RBF model' )
plt. plot(X,y_lin,color=' c' ,lw=lw,label=' Linear model' )
plt. plot(X,y_poly,color=' cornflowerblue' ,lw=lw,label=' Polynomial model' )
plt. xlabel(' data' )
plt. ylabel(' target' )
plt. title(' Support Vector Regression' )
plt. legend()
plt. show()
```

3. 案例结果

核 SVM 算法案例代码的运行结果如图 6-8 所示。

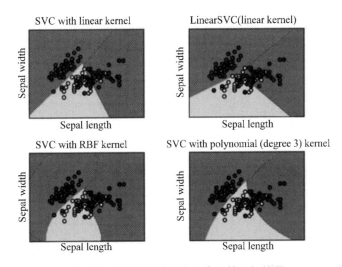

图 6-8　核 SVM 算法案例代码的运行结果

▶▶| 6.4　其他算法 ▶▶ ▶

本节主要介绍最小绝对收缩选择算子（Least Absolute Shrinkage and Selection Operator，LASSO），LASSO 实际上是在多元线性回归上增加了一个惩罚范数 L_1，该范数起到增强模型稳定性、筛选模型特征的效果。

6.4.1　案例基本信息

本案例对 LASSO 的基本理论知识进行简单介绍，以便读者能够更深入地了解 LASSO。

1. 案例涉及的基本理论知识点

LASSO 的基本思想是在回归系数的绝对值之和小于一个常数的约束条件下，使残差平方和最小化，从而能够产生某些严格等于 0 的回归系数，得到可以解释的模型。

2. 案例使用的平台、语言及库函数

平台：PyCharm。

语言：Python。

库函数：sklearn、numpy、matplotlib。

6.4.2　案例设计方案

1. 案例描述

本案例将使用 LASSO 来进行一元回归问题的解决。LASSO 是一种基于 L1 正则化的方法，它可以通过稀疏化参数来防止过拟合。

2. 案例创新点

（1）数据准备。生成一个一元回归数据集，包括输入特征 x 和对应的目标变量 y。

（2）特征与目标分离。将数据集中的特征和目标变量分离，以便后续的建模和特征选择。

（3）线性回归建模。使用已实现的线性回归类（使用 Python 代码实现）进行建模。该类将根据给定的数据集进行训练，并得到线性回归模型。

（4）特征选择。利用 LASSO 算法进行特征选择。LASSO 通过添加 L1 正则化参数，使一些特征的系数变为 0，从而达到特征选择的效果，可以通过调整正则化参数来控制选择的程度。

（5）展示结果。将经过特征选择后的模型进行展示，可以输出选择的特征及对应的系数。

（6）模型评估。对选择的特征进行模型评估，可计算预测结果与真实目标变量的差异，评估模型的准确率和性能。

6.4.3 案例实现

1. 案例数据样例或数据集

本小节利用 make_regression 数据集和 LASSO 进行处理。

2. 案例代码

LASSO 算法案例的代码如下：

```python
import numpy as np
from matplotlib import pyplot as plt
import sklearn. datasets
#生成100个一元回归数据集
x,y=
sklearn. datasets. make_regression(n_features=1,noise=5,random_state=2020)
plt. scatter(x,y)
plt. show()
a=np. linspace(1,2,5). reshape(-1,1)
b=np. array([350,380,410,430,480])
#生成新的数据集
x_1=np. r_[x,a]
y_1=np. r_[y,b]
plt. scatter(x_1,y_1)
plt. show()
class normal():
    def _init_(self):
        Pass
    def fit(self,x,y):
        m=x. shape[0]
        X=np. concatenate((np. ones((m,1)),x),axis=1)
```

```
            xMat=np. mat(X)
            yMat=np. mat(y. reshape(-1,1))
            xTx=xMat. T* xMat
            #xTx. I 为 xTx 的逆矩阵
            ws=xTx. I* xMat. T* yMat
            #返回参数
            return ws
plt. rcParams[' font. sans-serif' ]=[' SimHei' ] #用来正常显示中文标签
plt. rcParams[' axes. unicode_minus' ]=False #用来正常显示负号
clf1=normal()
#拟合原始数据
w1=clf1. fit(x,y)
#预测数据
y_pred=x * w1[1] + w1[0]
#拟合新数据
w2=clf1. fit(x_1,y_1)
#预测数据
y_1_pred=x_1 * w2[1] + w2[0]
print('原始样本拟合参数:\n',w1)
print(' \n' )
print(' 新样本拟合参数:\n',w2)
ax1=plt. subplot()
ax1. scatter(x_1,y_1,label=' 样本分布' )
ax1. plot(x,y_pred,c=' y' ,label=' 原始样本拟合' )
ax1. plot(x_1,y_1_pred,c=' r' ,label=' 新样本拟合' )
ax1. legend(prop={' size' :15}) #此参数改变标签字号的大小
plt. show()
```

3. 案例结果

LASSO 算法案例代码的运行结果如下，图 6-9 表示的是原始样本拟合参数结果，图 6-10 表示的是新样本拟合参数结果，最后的结果如图 6-11 所示。

原始样本拟合参数:
[[0.19400162]
 [19.7401935]]

图 6-9　原始样本拟合参数结果

新样本拟合参数:
[[16.17469147]
 [47.08997923]]

图 6-10　新样本拟合参数结果

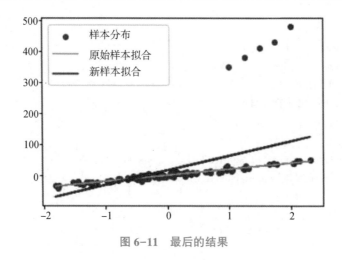

图 6-11　最后的结果

本章小结

本章主要介绍 SVM 的实现细节，SVM 主要用于解决模式识别领域中的数据分类问题，属于有监督学习算法；SVM 的核心思想就是最大间隔化，并且采用核函数克服了一些非线性可分和维数高的问题。本章也介绍了软间隔 SVM 的相关内容，它解决了在现实任务中很难选定核函数的问题。SVM 不仅能解决分类问题，还可以解决回归问题，相关案例也通过可视化效果验证了其优点和解决实际问题的能力。

本章习题

1. SVM 中能对划分样本空间起到决定作用的是＿＿＿＿＿＿＿＿。
2. 在 SVM 中的主要思想是要最大化＿＿＿＿＿＿＿＿，以使得到的超平面具有较优的＿＿＿＿＿＿＿＿。
3. 使用 SVM 求解超平面的过程中，为了能求出最优解而引入了一系列的条件，它们共同构成了＿＿＿＿＿＿＿＿。
4. 在当前样例线性不可分的情况下总能找到一个高维空间使其线性可分。（判断题）
5. 在使用核技巧引入高维变换的过程，给模型带来了一定程度上的过拟合。（判断题）
6. 为什么要求核函数对应的核矩阵是一个对称矩阵？

习题答案

1. 支持向量。　2. 间隔，鲁棒性。　3. KKT 条件。　4. √　5. √

6. 核函数 $k(x_i, x_j)$ 可以用于表示 x_i 与 x_j 的距离，而对于距离关系 $k(x_i, x_j)$，应当等于 $k(x_j, x_i)$，因此对于任意的 $k(x_i, x_j)$，都有 $k(x_i, x_j) = k(x_j, x_i)$，故核矩阵要求是一个对称矩阵。

第 7 章

Python 实现贝叶斯分类

章前引言

集成算法是指构建多个学习器，通过一定策略的结合来完成学习任务。正所谓"三个臭皮匠，顶个诸葛亮"，当弱学习器被正确组合时，能得到更精确、鲁棒性更好的学习器。由于个体学习器的准确性和多样性存在冲突，追求多样性势必要牺牲准确性。这就需要将这些"好而不同"的个体学习器结合起来，而研究如何产生并结合个体学习器是集成学习研究的核心。

教学目的与要求

了解和掌握贝叶斯统计学习的基本原理，包括先验概率、条件概率、后验概率等概念，并能够利用这些概念计算中风发病的概率；能够选择合适的特征变量，构建有效的特征集，以提高中风预测模型的准确性；利用 Python 相关的数据科学工具和技术，实现贝叶斯推断模型。

学习重点

1. 理解贝叶斯定理及其在风险预测中的应用。

2. 了解不同因素对中风发病率的影响，并能够选择合适的特征进行建模。

3. 掌握模型评估方法，包括准确率、召回率、F_1 得分等指标，并根据实验结果对模型进行改进。

4. 学会使用 Python 等编程语言实现相关算法和模型，并能够处理多维度、大规模医疗数据。

📖🔍 学 习 难 点

1. 特征选择。
2. 模型假设和先验分布的确定。
3. 正确的模型评估。
4. 计算复杂度。

📖🔍 素 养 目 标

1. 培养分析问题、解决问题的能力。
2. 理论与实践相结合，着重提升学科知识的应用能力，有效增强知识学习的深度与广度。

▶▶│7.1　案例基本信息 ▶▶▶

本案例使用贝叶斯推断模型实现中风预测。

1. 案例涉及的基本理论知识点

(1)贝叶斯公式。设实验 E 为样本空间，A 为 E 的事件，B_1，B_2，…，B_n 为 Ω 的一个分割，且 $P(B_i)>0$，$i=1$，2，…，n，则由

$$P(A \mid B) = \frac{P(B \mid A)P(A)}{P(B)}$$

得

$$P(B_i \mid A) = \frac{P(B_i)P(A \mid B_i)}{\sum_{i=1}^{n} P(B_i)P(A \mid B_i)}$$

上式称为贝叶斯公式。

(2)先验条件计算。先验条件是一种针对方法，它规定了在调用该方法之前必须为真的条件。先验概率 $P(B_i)(i=1$，2，…)表示各种原因发生的可能性大小。

(3)后验条件计算。后验条件规定了方法顺利执行完毕之后必须为真的条件。后验概率 $P(B_i \mid A)(i=1$，2，…)则反映当产生了结果 A 之后，对各种原因概率的新认识。

(4)准确率。准确率表示系统检索到的相关事件占系统检索到的事件总数的比例。

(5)召回率。召回率表示系统检索到的相关事件占系统相关事件总数的比例。

2. 案例使用的平台、语言及库函数

平台：PyCharm。

语言：Python。

库函数：numpy、pandas、seaborn、matplotlib、objs。

▶▶|7.2 案例设计方案 ▶▶ ▶

要采用贝叶斯推断模型实现中风预测的设计方案，应先分析数据集中包含属性的基础信息及相关统计特征，并结合计数柱状图、分布图、分箱图等对属性数据进行初步分析，简单了解每个属性对中风概率的影响；然后在完成初步数据分析的基础上利用 F_1 得分等进行更深入的特征检查，完成特征选择；最后随机选取 70%的数据集训练贝叶斯推断模型，在剩下的 30%测试集中进行测试，利用准确率、召回率等完成模型结果的评估。

▶▶▶|7.3 案例实现 ▶▶ ▶

1. 案例数据样例或数据集

数据集有 12 个类，它们有各自的标签，分别是：Id，gender，age，hypertensio，heart_disease，ever_married，work_type，Residence_type，avg_glucose_level，bmi，smoking_status，stroke。

2. 案例代码

贝叶斯推断模型实现中风预测案例的代码如下：

```
import numpy as np
import pandas as pd
import seaborn as sns
import matplotlib. pyplot as plt
from numpy import rint
from pandas import Series
from sklearn. feature_selection import SelectKBest,f_classif
from sklearn. model_selection import train_test_split
from sklearn. preprocessing import LabelEncoder
import numpy as np
from collections import counter
data=pd. read_csv(' strokePredictionData. csv' )
#打印数据基本信息
print(data. info())
#打印数据的统计特征
print(data. describe())
#标签编码
#获取数据类型为 object 的列
cols=data. select_dtypes(include=[' object' ]). columns
#打印出 object 的列检查 print(cols)
#标签编码初始化
le=LabelEncoder()
#将分类数据转换为数字
```

```python
data[cols]=data[cols]. apply(le. fit_transform)
#随机找一个object的列进行检查，看是否已将分类数据编码为数值数据
print(data. head(10). work_type)
#热图
#创建15×10的画布
plt. figure(figsize=(15,10))
rint(data. corr())
#print(data. corr())
#data. corr函数说明
#data. corr函数表示了data中的两个变量之间的相关性，取值范围为[-1，1]，取值接近-1，表示
反相关，类似反比例函数，取值接近于1，表示正相关
sns. heatmap(data. corr(),annot=True,fmt='. 2')
#参数说明
#data: 数据data中的两个变量之间的相关性
#annot:
#annotate的缩写，annot默认为False，当annot为True时，在heatmap的每个方格中写入数据
#annot_kws，当annot为True时，可设置各个参数，包括大小、颜色、加粗、斜体字等
#fmt: 格式设置
plt. show()
#data['avg_glucose_level']. nunique()
#sns. displot(data['avg_glucose_level'])
#sns. boxplot(data=data,x='stroke',y='avg_glucose_level')
#plt. show()
#gender性别
#为方便对比，创建一个1行2列的画布，figsize用来设置画布大小
fig,axes=plt. subplots(1,2,figsize=(10,5),)
#提供关于它的唯一值以及每个值的计数的信息
print('计数\n',data['age']. value_counts())
#设置画板颜色风格，Purple lover
sns. set_palette("magma")
#计数柱状图绘制
sns. countplot(data=data,x='gender',ax=axes[0])
sns. countplot(data=data,x='gender',hue='stroke',ax=axes[1])
plt. show()
#年龄
data['age']. nunique()
sns. displot(data['age'])
plt. figure(figsize=(15,7))
sns. boxplot(data=data,x='stroke',y='age')
#hypertension高血压
data['hypertension']. nunique()
```

```python
sns. countplot(data=data,x=' hypertension' ,hue=' stroke' )
plt. show()
#heart_disease 心脏病
data[' heart_disease' ]. nunique()
sns. countplot(data=data,x=' heart_disease' ,hue=' stroke' )
plt. show()
#结婚与否
data[' ever_married' ]. nunique()
sns. countplot(data=data,x=' ever_married' ,hue=' stroke' )
plt. show()
#工作类型
sns. countplot(data=data,x=' work_type' )
sns. countplot(data=data,x=' work_type' ,hue=' stroke' )
plt. show()
#居住类型
sns. countplot(data=data,x=' Residence_type' )
plt. show()
#患者体内平均血糖水平 avg_glucose_level
data[' avg_glucose_level' ]. nunique()
sns. displot(data[' avg_glucose_level' ])
sns. boxplot(data=data,x=' stroke' ,y=' avg_glucose_level' )
plt. show()
#bmi
data[' bmi' ]. nunique()
sns. countplot(data=data,x=' bmi' )
plt. show()
sns. boxplot(data=data,x=' stroke' ,y=' bmi' )
plt. show()
#吸烟状况
sns. countplot(data=data,x=' smoking_status' )
plt. show()
sns. countplot(data=data,x=' smoking_status' ,hue=' stroke' )
plt. show()
#处理数据空值，用 0 代替
data=data. replace(np. nan,0)
#特征选择 F 检验(f_classif)
#参数说明:score_func[得分方法]
classifiers=SelectKBest(score_func=f_classif,k=5)
#用于计算训练数据的均值和方差
fits=classifiers. fit(data. drop(' stroke' ,axis=1),data[' stroke' ])
#DataFrame 的单元格可以存放数值、字符串等，这和 Excel 表很像，同时 DataFrame 可以设置列名
columns 与行名 index
```

```
x=pd. DataFrame(fits. scores_)
print(x)
columns=pd. DataFrame(data. drop(' stroke' ,axis=1). columns)
#concat 函数是 pandas 库下的方法，可以把数据根据不同的轴进行简单的融合
#pd. concat(objs,axis=0,join=' outer' ,join_axes=None,ignore_index=False,
#keys=None,levels=None,names=None,verify_integrity=False)
#参数说明：
#objs:series，dataframe，或者 panel 构成的序列 list
#axis:0 行，1 列
fscores=pd. concat([columns,x],axis=1)
fscores. columns=[' 属性特征' ,' 得分' ]
#sort_values 函数是 pandas 库中比较常用的排序方法，其主要涉及以下 3 个参数：
#by：str or list of str(字符或字符列表)
#Name or list of names to sort by
#当需要按照多个列排序时，可使用列表
#ascending：bool or list of bool，default True
#(是否升序排序，默认为 True，降序则为 False。若是列表，则需和 by 指定的列表数量相同，指
明每一列的排序方式)
fscores. sort_values(by=' 得分' ,ascending=False)
plt. show()
print(fscores)
#print(type(data. age))
#连续性数据处理
#针对葡萄糖水平进行分箱处理
data. avg_glucose_level=pd. cut(data. avg_glucose_level,4,labels=[0,1,2,3])       #实现等距分箱，分为
4 个箱
print(data. avg_glucose_level)
#针对年龄进行分箱处理
data. age=pd. cut(data. age,4,labels=[0,1,2,3])       #实现等距分箱，分为 4 个箱
print(data. age)
#数据集拆分
#分割数据
train_x,test_x,train_y,test_y=train_test_split(data,data[' stroke' ],random_state=1,test_size=0. 3)
#train_test_split 函数(从 sklearn. model_selection 中调用)参数说明
#train_data:所要划分的样本特征集
#train_target:所要划分的样本结果
#test_size:样本占比，如果是整数，就是样本的数量
#random_state:随机数的种子
#随机数种子:该组随机数的编号，在需要重复试验的时候，保证得到一组一样的随机数
#数据形式
print(train_x. shape，　train_y. shapc,test_y. shape,test_x. shape)
```

```python
#训练集数组化处理
train_x_ages = Series.tolist(train_x.age)
train_x_hypertensions = Series.tolist(train_x.hypertension)
train_x_heart_diseases = Series.tolist(train_x.heart_disease)
train_x_ever_marrieds = Series.tolist(train_x.ever_married)
train_x_avg_glucose_levels = Series.tolist(train_x.avg_glucose_level)
train_ys = Series.tolist(train_y)
#测试集数组化处理
test_x_ages = Series.tolist(test_x.age)
test_x_hypertensions = Series.tolist(test_x.hypertension)
test_x_heart_diseases = Series.tolist(test_x.heart_disease)
test_x_ever_married = Series.tolist(test_x.ever_married)
test_x_avg_glucose_levels = Series.tolist(test_x.avg_glucose_level)
test_ys = Series.tolist(test_y)
#np.vstack 拼接数组
need_data = np.vstack((train_x_ages,train_x_hypertensions,train_x_heart_diseases,train_x_ever_marrieds,train_x_avg_glucose_levels,train_ys)).tolist()
test_data = np.vstack((test_x_ages,test_x_hypertensions,test_x_heart_diseases,test_x_ever_married,test_x_avg_glucose_levels,test_ys)).tolist()
#检验查看处理结果
#print(need_data)
#print(test_data)
class Bayes:
    def _init_(self):
        #将数据转化为矩阵
        self.t_data = np.array(need_data)
        self.c_data = np.array(test_data)
        #print(self.c_data)
        #使用字典方便计算时调用
        #存储 P(Y=c)的先验概率
        self.p_y = {}
        #存储 P(Xi=k ︱ Y=中风与否)的先验概率
        self.p_x1_y = {}
        self.p_x2_y = {}
        self.p_x3_y = {}
        self.p_x4_y = {}
        self.p_x5_y = {}
        self.predict = {}
    def train_1(self):
```

```python
        #统计 data_stroke 的种类及数量，用于后续计算
        count_y=Counter(self.t_data[5])
        #print(count_y)
        #先统计 y 的种类，并计算 P(Y=c)的先验概率，再切分训练数据
        #计算先验概率并将对应 y 值存入字典，然后根据不同的 y 切分数据，各自存入一个列表，
这些列表存于字典 ys
        #统计 y 的种类，并计算概率，再切分训练数据
        ys={}
        for y in count_y.keys():
            #print(count_y.keys())
            #dict_keys([0.0,1.0])
            ys[y]=[]
        #计算先验概率并将对应 y 值存入字典
            self.p_y[y]=count_y[y]/len(self.t_data[0])
            #print(count_y[y])#结果为 3411,166
            #print(self.p_y[y] )#先验概率结果 0.9535923958624546 以及 0.04640760413754543
        #遍历数据，根据其 y 存入对应列表
        for i in range(len(self.t_data[0])):
            #将数据切分后分别存入字典的列表，key 是对应的 y 值
            #print(self.t_data[:,i]) #eg;[47.   0.   0.   1.   72.2  0.]每个个体数据
            #print(self.t_data[5][i])#中风与否
            ys[self.t_data[5][i]].append(self.t_data[:,i])#将对应的中风数组与 0.0，未中风数组与 1.0
形成字典
        print('完成数据处理，我要开始学习了')
        for item in ys.items():
            #print(ys.items())#items() 以列表返回可遍历的(键，值) 元组数组
            #print(item)
            #print('hhhhhhhhhhhhhhhhhhhhhhhhhhhhhhhhhhhhh/n')
            self.train_2(item)
        print('学习完毕! 可以开始预测')
    def train_2(self,_y):
        #先把数据转化为矩阵，便于接下来切片统计运算
        #print(_y)
        data=np.array(_y[1])
        #print(_y[1])
        #计算 P(Xi=k|Y=中风与否)的先验概率，统计每个特征值的种类
        count_x1=Counter(data[:,0])
        count_x2=Counter(data[:,1])
        count_x3=Counter(data[:,2])
        count_x4=Counter(data[:,3])
```

```
        count_x5 = Counter(data[:,4])
        #检查结果
        #正式出现两部分 count_x[0-5]中风与否的两种先验概率
        #print(' count_x1',count_x1)
        #print(' count_x2',count_x2)
        #print(' count_x3',count_x3)
        #print(' count_x4',count_x4)
        #print(' count_x5',count_x5)
        #计算相应的概率，存入字典
        for x1 in count_x1.keys():
            self.p_x1_y['{}_{}'.format(x1,_y[0])] = count_x1[x1]/len(data)
        for x2 in count_x2.keys():
            self.p_x2_y['{}_{}'.format(x2,_y[0])] = count_x2[x2]/len(data)
        for x3 in count_x3.keys():
            self.p_x3_y['{}_{}'.format(x3,_y[0])] = count_x3[x3]/len(data)
        for x4 in count_x4.keys():
            self.p_x4_y['{}_{}'.format(x4,_y[0])] = count_x4[x4]/len(data)
        for x5 in count_x5.keys():
            self.p_x5_y['{}_{}'.format(x5,_y[0])] = count_x5[x5]/len(data)
            #print(self.p_x5_y)
            #print(type(x5))
    def analyse_input(self):    #计算单组数据后验概率并比较
        in_datas = input(' 输入 x1,x2,x3,x4,x5（空格隔开）:').split(' ')
        p_p = 0
        result = []
        #将输入类型 str 转换至与 x1、x2、x3、x4、x5 类型相同
        in_data = [1,2,3,4,5]
        in_data[0] = int(in_datas[0])
        in_data[1] = int(in_datas[1])
        in_data[2] = int(in_datas[2])
        in_data[3] = int(in_datas[3])
        in_data[4] = int(in_datas[4])
        #print(type(in_data[4]))
        for j in self.p_y.keys():
          #try:
            pp = self.p_y[j] * self.p_x1_y['{}_{}'.format(in_data[0],j)] * self.p_x2_y['{}_{}'.format(in_data[1],j)]* self.p_x3_y['{}_{}'.format(in_data[2],j)]* self.p_x4_y['{}_{}'.format(in_data[3],j)] * self.p_x5_y['{}_{}'.format(in_data[4],j)]
            #print(self.p_y[j])
            if self.p_y[j]>0.5:
```

```python
                        print('未中风概率为',pp)
                else:
                        print('中风概率为',pp)
                if pp>=p_p:   #观察到,对于相同的输入,可能出现两种不同预测结果(对于本次数据来说只有两种结果),要对此做处理
                        if pp>p_p:  #若出现更大的概率,需要把先前已有的所有结果全部替换
                                if not result:  #开始的时候列表是空的,如果只写循环替换,其实那个循环根本不会开始。如果在循环后添加,那将会导致接下来有的结果会重复进入列表(被替换的和被添加的)
                                        result. append(j)
                                else:
                                        for r in range(len(result)):
                                                result[r]=j
                        elif p_p==pp:
                                result. append(j)
                        p_p=pp
        #except:
        #    print(result)
        result=list(set(result))
        if len(result)==1:
                print('预测结果为:{}'. format(result[0]))
        else:
                print('可能结果如下:',end=' ')
                for e in result:
                        print(e)
    def analyse_input2(self):  #计算测试集数据后验概率并比较
        p_p=0
        result=[]
        in_data=[1,2,3,4,5]
        #print(self. c_data. shape[1])
        for m in range(0,self. c_data. shape[1]):
                #将输入类型 str 转换至与 x1、x2、x3、x4、x5 类型相同
                in_data[0]=int(self. c_data[0,m])
                in_data[1]=int(self. c_data[1,m])
                in_data[2]=int(self. c_data[2,m])
                in_data[3]=int(self. c_data[3,m])
                in_data[4]=int(self. c_data[4,m])
                #print(type(in_data[4]))
                for j in self. p_y. keys():
                        #try:
                        pp=self. p_y[j] *  self. p_x1_y[' {}_{}'. format(in_data[0],j)] * self. p_x2_y[' {}_{}'. format(in_data[1],j)]*  self. p_x3_y[' {}_{}'. format(in_data[2],j)]* self. p_x4_y[' {}_{}'. format(in_data[3],j)] * self. p_x5_y[' {}_{}'. format(in_data[4],j)]
```

```
            #print(self.p_y[j])
            if self.p_y[j]>0.5:
                print('未中风概率为',pp)
            else:
                print('中风概率为',pp)
        if pp >=p_p:    #观察到,对于相同的输入,可能出现两种不同预测结果(对于本
次数据来说只有两种结果),要对此做处理
            if pp > p_p:    #若出现更大的概率,需要把先前已有的所有结果全部替换
                if not result:    #开始的时候列表是空的,如果只写循环替换,其实那个循
环根本不会开始。如果在循环后添加,那将会导致接下来有的结果会重复进入列表(被替换的和被添加的)
                    result.append(j)
                else:
                    for r in range(len(result)):
                        result[r]=j
            elif p_p==pp:
                result.append(j)
            p_p=pp
    #except:
    #    print(result)
    result=list(set(result))
    #print('hhhhresult',result)
    if len(result)==1:
        print('预测结果为:{}'.format(result[0]))
        self.predict[m]=result[0]
        #print(m)#0-1532
    else:
        print('可能结果如下:',end='')
        for e in result:
            print(e)
    #结果评估
    #计算得分
    def score(self,test_target):
        count=0
        #print(np.array(test_target))
        #print(np.array(self.predict.values()))
        #数据格式转换
        T=str(list(self.predict.values()))
        s=str(list(np.array(test_target)))
        #print(type(n),type(s))
        for i in range(0,test_target.shape[0]):
            print(i)
            print(s[i],T[i])
            if s[i]==T[i]:
```

```
                count +=1    #累计正确数
        score=count/(test_target. shape[0])
        print(' the accuracy is:' ,score)
#召回率计算
#计算得分
def score(self,test_target):
                count=0
                number=0
                #print(np. array(test_target))
                #print(np. array(self. predict. values()))
                #数据格式转换
                T=str(list(self. predict. values()))
                s=str(list(np. array(test_target)))
                #print(type(n),type(s))
                for i in range(0,test_target. shape[0]):
                        print(i)
                        print(s[i],T[i])
                        if s[i]==T[i]:
                                count +=1
                        if s[i] !=T[i]:
                                number+=1
                score=count/(test_target. shape[0])
                score2=count/(count+number)
                print(' 准确率:' ,score)
                print(' 召回率:' ,score2)
answer=Bayes()
answer. train_1()
answer. analyse_input2()
answer. score(test_y)
```

3. 案例结果

上述代码的运行结果如图 7-1~图 7-13 所示。

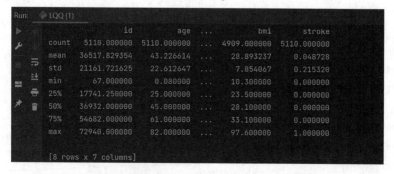

图 7-1 贝叶斯推断模型实现中风预测案例代码的运行结果(1)

```
Run:    LQQ (1)
        D:\pythonProject1\venv\Scripts\python.exe D:\pythonProject1\LQQ.py
        <class 'pandas.core.frame.DataFrame'>
        RangeIndex: 5110 entries, 0 to 5109
        Data columns (total 12 columns):
        #    Column             Non-Null Count    Dtype
        ---  ------             --------------    -----
        0    id                 5110 non-null     int64
        1    gender             5110 non-null     object
        2    age                5110 non-null     float64
        3    hypertension       5110 non-null     int64
        4    heart_disease      5110 non-null     int64
        5    ever_married       5110 non-null     object
        6    work_type          5110 non-null     object
        7    Residence_type     5110 non-null     object
        8    avg_glucose_level  5110 non-null     float64
        9    bmi                4909 non-null     float64
        10   smoking_status     5110 non-null     object
        11   stroke             5110 non-null     int64
        dtypes: float64(3), int64(4), object(5)
        memory usage: 479.2+ KB
        None
```

图 7-2　贝叶斯推断模型实现中风预测案例代码的运行结果（2）

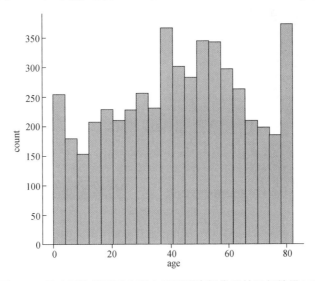

图 7-3　贝叶斯推断模型实现中风预测案例代码的运行结果（3）

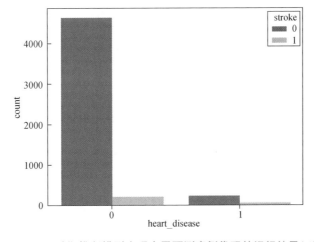

图 7-4　贝叶斯推断模型实现中风预测案例代码的运行结果（4）

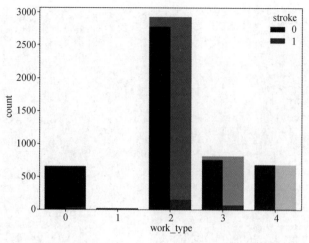

图7-5 贝叶斯推断模型实现中风预测案例代码的运行结果(5)

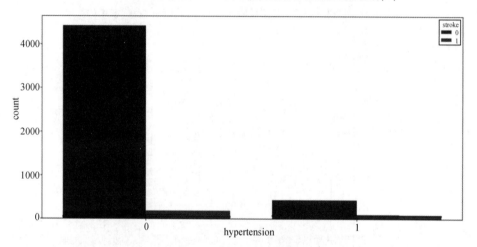

图7-6 贝叶斯推断模型实现中风预测案例代码的运行结果(6)

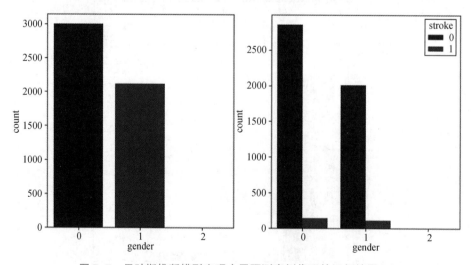

图7-7 贝叶斯推断模型实现中风预测案例代码的运行结果(7)

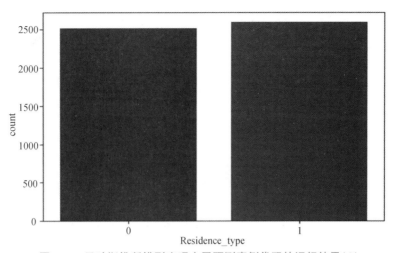

图 7-8　贝叶斯推断模型实现中风预测案例代码的运行结果（8）

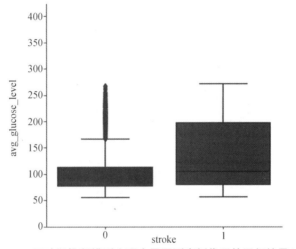

图 7-9　贝叶斯推断模型实现中风预测案例代码的运行结果（9）

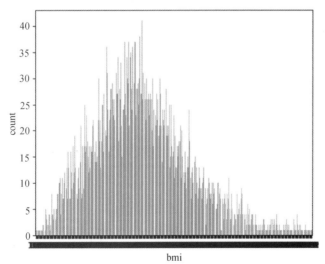

图 7-10　贝叶斯推断模型实现中风预测案例代码的运行结果（10）

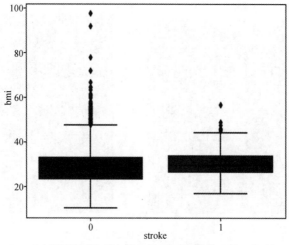

图 7-11　贝叶斯推断模型实现中风预测案例代码的运行结果（11）

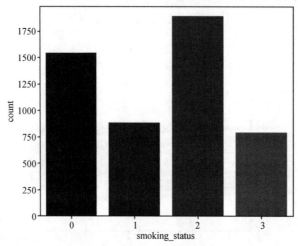

图 7-12　贝叶斯推断模型实现中风预测案例代码的运行结果（12）

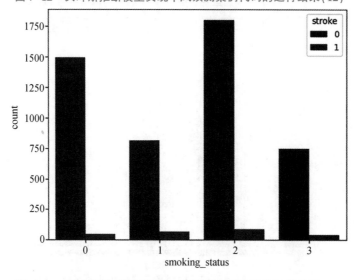

图 7-13　贝叶斯推断模型实现中风预测案例代码的运行结果（13）

本章小结

贝叶斯方法是一种统计学方法，它使用概率来描述不确定性。在风险评估中，贝叶斯方法可以用于确定个体患上疾病的概率。在使用贝叶斯方法进行中风预测时，需要考虑以下几个因素。

（1）风险因素。贝叶斯方法可以用来分析中风的风险因素，如高血压、糖尿病、心脏病等。

（2）先验概率。贝叶斯方法需要先有一个先验概率，在中风预测中，先验概率可以是某个特定年龄段、性别或族群的中风概率。

（3）可能性比。可能性比是指中风患者所表现出来的特定症状与非中风人群中同样症状所显示出的概率之比。根据这些因素，就可以通过贝叶斯方法来计算一个人中风的概率。这种方法将各种风险因素的概率组合起来，从而得出中风概率。

总的来说，贝叶斯方法可以用于预测中风的风险。通过识别中风的风险因素、先验概率和可能性比，可以计算出一个人的中风概率，从而帮助医生提前采取有效措施来预防或治疗中风。

本章习题

1. 下列哪种方法可用于估计贝叶斯公式中的先验概率？（　　　）
A. 经验法则　　　　　　　　　　B. 极大似然估计
C. 最小二乘法　　　　　　　　　D. 正规方程
2. 贝叶斯推断模型可以用于风险预测和患病概率估计。（判断题）
3. 在贝叶斯推断模型中，需要先估计先验概率分布，然后在观察到数据之后更新为后验概率分布。（判断题）
4. 在使用贝叶斯方法进行风险预测时，希望获得具有最高后验概率的结果。（判断题）
5. 什么是贝叶斯实现中风预测？
6. 试举出一些在贝叶斯实现中风预测中使用的协变量。

习题答案

1. A。　2. √。　3. √。　4. √。
5. 贝叶斯实现中风预测通过使用贝叶斯推断模型来预测特定人群中风的风险。贝叶斯推断模型使用先验知识和实证数据来推断后验概率，并根据此来制定决策。在中风预测中，贝叶斯方法可以使用多种协变量(如年龄、性别、身高、体重等)来预测某个人中风的概率。
6. 在贝叶斯实现中风预测中，常用的协变量有以下几个。
（1）年龄：年龄是中风风险的一个重要因素。随着年龄的增加，中风的风险也会增加。
（2）性别：男性和女性中风的风险不同。男性的中风风险比女性高。
（3）血压：高血压是中风的主要风险因素之一。
（4）吸烟：吸烟会导致心脑血管疾病和中风的风险增加。
（5）糖尿病：患有糖尿病会增加中风的风险。

第 8 章

Python 实现集成学习算法

章前引言

在机器学习中，分类是一种重要的任务，它可以将数据集中的样本分为不同的类别。分类方法可以应用于各个领域，如图像识别、语音识别、自然语言处理等。分类方法的目标是通过对已知类别的样本进行学习，来预测未知样本的类别。分类方法通常涉及许多算法和技术，如决策树、支持向量机、神经网络等。本章将介绍机器学习中常用的分类方法，包括它们的原理、优缺点以及应用场景，并深入探讨这些方法的实现和应用，并提供一些实例来帮助读者更好地理解这些方法。通过对本章的学习，读者能够全面地了解分类方法，从而在实际应用中更好地选择和使用这些方法。

教学目的与要求

学习集成学习算法；了解集成学习算法的内涵及适用范围；理解并掌握经典集成学习算法的整体流程与工作原理；理解集成学习算法 Boosting 与 Bagging 的区别与联系；重点掌握 Boosting 集成学习算法与 Bagging 集成学习算法的工作原理与流程，并能通过编程实现集成学习。

学习重点

1. 掌握 Boosting 集成学习算法的工作机制与编程实现方法。
2. 掌握 Bagging 集成学习算法的工作机制与编程实现方法。
3. 理解 Boosting 集成学习算法与 Bagging 集成学习算法的对比分析。

学习难点

1. Boosting 集成学习算法的工作机制。
2. Bagging 集成学习算法的工作机制。

素养目标

1. 提高多角度分析与探索不同算法之间的联系与区别的能力。
2. 加强编程实践能力，提升数据科学素养。
3. 能利用集成学习的思想解决问题。

▶▶▶ 8.1　AdaBoost 集成学习算法 ▶▶▶ ▶

Boosting 集成学习算法(以下简称 Boosting 算法)是一种串行的算法，它的弱学习器之间存在着强依赖关系。Boosting 算法用于分类和回归问题，从弱学习器开始加强，通过加权来进行训练，即一种迭代算法，通过不断使用一个弱学习器弥补前一个弱学习器的不足的过程，来串行地构造一个较强的学习器，这个较强的学习器能够使目标函数值足够小。Boosting 算法的具体代表有 AdaBoost 集成学习算法(以下简称 AdaBoost 算法)。

8.1.1　案例基本信息

本小节对 AdaBoost 算法用到的基本理论知识进行简单介绍，以便读者能够更深入地了解 AdaBoost 算法。

1. 案例涉及的基本理论知识点

AdaBoost 是 Adaptive Boosting(自适应增强)的缩写，它的自适应性体现在：前一个基本分类器被错误分类的样本的权值会增大，而被正确分类的样本的权值会减小，并再次用来训练下一个基本分类器，同时在每一轮迭代中加入一个新的弱分类器，直到达到某个预定的、足够小的错误率或达到预先指定的最大迭代次数，才确定最终的强分类器。

注意：弱分类器可以是不同种的分类器组合，也可以是同种分类器组合。

Boosting 算法也被称为增强学习或提升法，是一种重要的集成学习技术，能够将预测精度仅比随即猜测略高的弱学习器增强为预测精度高的强学习器，这在直接构造强学习器非常困难的情况下，为学习算法的设计提供了一种有效的新思路和新方法。

2. 案例使用的平台、语言及库函数

平台：Visual Studio Code。

语言：Python。

库函数：matplotlib、numpy。

8.1.2　案例设计方案

本小节主要对 AdaBoost 算法的步骤及其创新点进行简单介绍。

1. 案例描述

AdaBoost 算法的实现步骤如下。

首先初始化训练数据的权值分布 D_1。假设有 N 个训练样本数据，则每一个训练样本最开始时，都被赋予相同的权值

$$w_1 = \frac{1}{N} \tag{8-1}$$

其次训练弱分类器 hi。如果某个训练样本点被弱分类器 hi 准确地分类，那么在构造下一个训练集中，它对应的权值要减小(分类错的在后面迭代的时候重点训练)。相反，如果某个训练样本点被弱分类器 hi 错误地分类，那么它的权值应该增大。权值更新过的样本集被用于训练下一个分类器，整个训练过程如此迭代地进行下去。

最后将各个训练得到的弱分类器组合成一个强分类器。各个弱分类器的训练过程结束后，加大分类误差率小的弱分类器的权重，使其在最终的分类函数中起着较大的决定作用，而降低分类误差率大的弱分类器的权重，使其在最终的分类函数中起着较小的决定作用。换言之，误差率低的弱分类器在最终分类器中占的权重较大，反之则较小。

本案例技术路线图如图 8-1 所示。

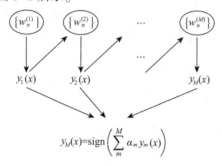

图 8-1　AdaBoost 算法案例技术路线图

2. 案例创新点

本案例随机设置 5 个数据集 datMat，这些数据集分别具有两个特征，用 AdaBoost 算法对这 5 个数据集进行分类，并将最后结果进行可视化。AdaBoost 算法不容易发生过拟合，由于其并没有限制弱学习器的种类，因此可以使用不同的学习算法来构建弱分类器；同时，AdaBoost 算法具有很高的精度，参数少，实际应用中不需要调节太多的参数，相对于 Bagging 算法和 Random Forest 算法，AdaBoost 算法充分考虑每个分类器的权重。

8.1.3　案例实现

本小节随机设置了 5 个带有标签的数据集，并用 AdaBoost 算法对这 5 个数据集进行分类处理。

1. 案例数据样例或数据集

随机设置 5 个数据集 datMat，使它们分别具有两个特征，classLabels 是数据集的所属类别标签。以下为训练所用数据集。

特征矩阵如下。

datMat = matrix([[1.0, 2.1],
　　　　　　　　　[2.0, 1.1],
　　　　　　　　　[1.3, 1.0],
　　　　　　　　　[1.0, 1.0],
　　　　　　　　　[2.0, 1.0]])

类别标签矩阵如下：

classLabels＝[1.0，1.0，-1.0，-1.0，1.0]

2. 案例代码

本案例通过随机设置 5 个带有标签的数据集，用 AdaBoost 模型进行分类，找到数据集上最佳的单层决策树(单层决策树是指只考虑其中一个特征，用该特征进行分类)，x＝阈值，由于向量只有一个 x 轴没有 y 轴，因此用一条垂直于 x 轴的线进行分类即可。

在本案例中，如果以第一列特征为基础，阈值选择 x＝1.3 这条竖线，并设置大于 1.3 的为反例，小于 1.3 的为正例，这样就构造了一个二分类器。其中每迭代一次生成一个弱分类器，最大迭代次数虽然设置的是 40，但若迭代过程中不满 40 次误差就为 0，则可以停止迭代了，说明用不了 40 个弱分类器就可以完全正确分类。

AdaBoost 算法案例的代码如下：

```python
import numpy as np
import matplotlib. pyplot as plt
def loadSimpData():
dataMat＝np. matrix([[1. ,2. 1],
[2. 0,1. 1],
[1. 3,1. 0],
[1. 0,1. 0],
[2. 0,1. 0]])
classLabels＝[1. 0,1. 0,-1. 0,-1. 0,1. 0]    #正例为1，反例为-1
return dataMat,classLabels
#stumpClassify 函数是通过阈值比较对数据进行分类的。所有在阈值一边的数据会被分到类别-1，
而在另外一边的数据会被分到类别+1(其中利用了数组的过滤功能)
def stumpClassify(dataMatrix,dimen,threshVal,inequal):
retArray＝np. ones((np. shape(dataMatrix)[0],1))        #初始化 retArry 为1(假设全为正例)
if inequal ==' lt' :
retArray[dataMatrix[:,dimen] <=threshVal]=-1.0    #若小于阈值，则赋值为-1(反例)。此处的等号表
示样本点恰在阈值线上，此处假设在此弱分类器中阈值线上的样本是反例(当然也可以设为正例，
但是要注意训练样本和测试样本的分类函数的这个等号要一致)
else:
retArray[dataMatrix[:,dimen] > threshVal]=-1.0  #若大于阈值，则赋值为-1
return retArray
def buildStump(dataArr,classLabels,D):
dataMatrix＝np. mat(dataArr)
labelMat＝np. mat(classLabels). T                    #将列表转换为向量
m,n＝np. shape(dataMatrix)
numSteps＝10. 0                            #总步数，计算步长用的
bestStump＝{}                        #用来保存单个最优弱分类器的信息的
(第几个特征，分类的阈值，lt还是gt，此弱分类器的权重 alpha)
```

```
    bestClasEst=np. mat(np. zeros((m,1)))                    #保存最佳的分类结果
    minOverallError=float(' inf' )                          #最小总误差初始化为正无穷大
    for i in range(n):                                      #分别对每个特征计算最优的划分阈值(分别
对每个特征求其最小的总误差，得到最小总误差最小的那个特征，此特征被选为分类特征)
    rangeMin=dataMatrix[:,i]. min()                         #每一行的第 i 个元素中最小的元素
    rangeMax=dataMatrix[:,i]. max()                         #找到特征中最小和最大的值
    stepSize=(rangeMax - rangeMin)/numSteps                 #计算步长---阈值递增的步长
    for j in range(-1,int(numSteps) + 1):                   #计算阈值取各个值时的误差，找误差最小的那个阈
值。j 取(-1,int(numSteps) + 1)可以看作第几步(总共 10 步)，且方便下面的阈值计算
    #lt 是指在该阈值下，若小于阈值，则分类为-1
    #gt 是指在该阈值下，若大于阈值，则分类为-1，是单层决策树分类算法，其中就这个题目来说，
两者加起来的误差肯定为 1
    #通俗来说，画出阈值那条线后，还有两种情况，一种是阈值线的右边是正例，左边是反例(lt)；
另一种是阈值线的左边是正例，右边是反例(gt)，所以每个阈值要计算两种情况的误差
    for inequal in [' lt' ,' gt' ]:                          #大于和小于的情况，均遍历。lt:less
than,gt:greater than
    threshVal=(rangeMin + float(j) *  stepSize)             #计算阈值(从 0.9 到 2.0，步长为 0.1,
逐个计算误差)
    predictedVals=stumpClassify(dataMatrix,i,threshVal,inequal)   #计算分类结果，即若以当前 threshVal 为
阈值分类，那么此时的训练样本分类结果如何(1 表示正例，-1 表示反例)
    errArr=np. mat(np. ones((m,1)))   #初始化误差矩阵(不是保存误差的，而是用来保存哪些样本分类
错误，哪些样本分类正确)
    errArr[predictedVals==labelMat]=0   #若分类正确，则记为 0，否则记为 1，下面乘以该样本的权重
当作误差(列表之间可以直接判断相等，predictedVals == labelMat 返回 [[True],[True],[False],[False],
[True]])
    #基于权重向量 D 而不是其他错误计算指标来评价分类器,不同的分类器,计算方法不同
    overallError=D. T *  errArr                             #计算所有样本的总误差--
这里没有采用常规方法来评价这个分类器的分类准确率，而是乘以权重(此处因为是 mat 矩阵，所以*
是向量的乘法)
    print("第%d 个特征,阈值为%. 2f,ineqal: % s,该阈值的决策树对所有样本的总误差为%. 3f" % (i,
threshVal,inequal,overallError))
    if overallError < minOverallError:                      #找到总误差最小的分类方式--找到当前最好的弱分
类器
    minOverallError=overallError
    bestClasEst=predictedVals. copy()                       #保存该阈值的分类结果
    bestStump[' dim' ]=i                                    #保存特征
    bestStump[' thresh' ]=threshVal                         #保存最优阈值
    bestStump[' ineq' ]=inequal                             #保存是 lt 还是 gt
    return bestStump,minOverallError,bestClasEst
    def adaBoostTrainDS(dataArr,classLabels,numIt=40):
    weakClassifiterArr=[]                                   #保存多个训练好的弱学习器
    m=np. shape(dataArr)[0]                                 #行数(样本个数)，此句可理解为 np. shape(dataArr)返回
的元组(m,n)中的第 0 个数 m
```

```
    D=np. mat(np. ones((m,1))/m)                #初始化每个样本的权重(均是 1/m)
    aggClassEst=np. mat(np. zeros((m,1)))    #保存每一轮累加的投票值(初始化为 0)，后面最终判断某一
区域是正例还是反例时要用(对加权投票套 sign 函数)
    for i in range(numIt):
    bestStump,error,bestClasEst=buildStump(dataArr,classLabels,D)        #构建单个单层决策树
    #print("D:",D. T)
    alpha=float(0. 5 *  np. log((1. 0 − error)/max(error,1e−16))) #计算弱学习算法权重 alpha，使 error 不等
于 0，因为分母不能为 0(注意此权重是弱学习器的权重而非单个样本的权重)
    bestStump[' alpha' ]=alpha                #存储弱学习算法的权重
    print("第%d 次迭代中得到的最优单层决策树:第%d 个特征,阈值为%. 2f,ineqal: % s,该阈值的决策
树对所有样本的总误差为%. 3f",此弱分类器的权重为:%. 3f" % (i,bestStump[' dim' ],bestStump[' thresh' ],
bestStump[' ineq' ],error,bestStump[' alpha' ]))
    weakClassifiterArr. append(bestStump)  #存储单层决策树
    #print("bestClasEst:"bestClasEst. T)
    expon=np. multiply(−1 *  alpha *  np. mat(classLabels). T,bestClasEst)    #计算 e 的指数项
    D=np. multiply(D,np. exp(expon))
    D=D/D. sum()  #根据样本权重公式,更新样本权重
    #计算 AdaBoost 误差，当误差为 0 的时候，退出循环
    aggClassEst += alpha *  bestClasEst        #加权投票(对加权投票值取 sign 函数就可以得到预测
值)，注意这里包括了目前已经训练好的每一个弱分类器
    print("前{}个弱分类器得到的 aggClassEst:{} ". format(i,aggClassEst. T))
    aggErrors=np. multiply(np. sign(aggClassEst) != np. mat(classLabels). T,np. ones((m,1)))    #计算误差,
aggErrors 向量中元素为 1 的表示分错的样本，为 0 的表示分对的样本
    #np. sign(aggClassEst) !=np. mat(classLabels). T 也可以写 ClassEst !=np. mat(classLabels). T，表示分
类错了则为 true，分类对了则为 false，自动转换成 0 和 1
    errorRate=aggErrors. sum()/m  #aggErrors. sum 函数表示总共有多少个样本分类错误
    print("分错样本个数/样本总个数: ",errorRate)
    if errorRate==0. 0: break                #误差为 0 说明样本被完全正确地分类了，不再需要更多的弱
学习器了，退出循环
    return weakClassifiterArr
    def showDataSet(dataMat,labelMat,weakClassifiterArr):
    data_plus=[]  #正例
    data_minus=[]  #反例
    for i in range(len(dataMat)): #正例、反例分类
    if labelMat[i] > 0:
    data_plus. append(dataMat[i])
    else:
    data_minus. append(dataMat[i])
    data_plus_np=np. array(data_plus)  #转换为 numpy 矩阵
    data_minus_np=np. array(data_minus)
    #绘制样本
```

```
        plt. scatter(np. transpose (data_plus_np) [0], np. transpose (data_plus_np) [1], c = ' red ' )    # 正例
np. transpose(data_plus_np)[0]表示 data_plus_np 转置后的第 0 行
        plt. scatter(np. transpose(data_minus_np)[0],np. transpose(data_minus_np)[1],c=' green')    #反例
        #绘制训练函数图像
        for i in range(len(weakClassifiterArr)):     #每个弱分类器一条线(一个阈值)
        if weakClassifiterArr[i][' dim' ]= =0:  #如果分类特征是第 0 个特征(x1)
        x2=np. arange(1. 0,3. 0,1)         #x2 是一个 2 维列表[1,2]
        plt. plot([weakClassifiterArr[i][' thresh' ],weakClassifiterArr[i][' thresh' ]],x2)    #因为确定一条线至少要
两个点，所以至少都是二维列表
        else:                           #如果分类特征是第 1 个特征(x2)
        x1=np. arange(1. 0,3. 0,1)
        plt. plot(x1,[weakClassifiterArr[i][' thresh' ],weakClassifiterArr[i][' thresh' ]])
        plt. title(' Training sample data' )   #绘制 title
        #绘制坐标轴
        plt. xlabel(' x1' );    #第 0 个特征
        plt. ylabel(' x2' )      #第 1 个特征
        plt. show()
        def adaClassify(testSample,weakClassifiterArr):
        dataMatrix=np. mat(testSample)
        m=np. shape(dataMatrix)[0]
        aggClassEst=np. mat(np. zeros((m,1)))
        for i in range(len(weakClassifiterArr)):                      #遍历所有分类器，进行分类
        bestClasEst=stumpClassify(dataMatrix,weakClassifiterArr[i][' dim' ],weakClassifiterArr[i][' thresh' ],weak-
ClassifiterArr[i][' ineq' ])
        aggClassEst +==weakClassifiterArr[i][' alpha' ] *  bestClasEst     #加权投票
        print("测试样本的加权投票为:",aggClassEst)
        return np. sign(aggClassEst)
        if __name__==' __main__' :
        dataArr,classLabels=loadSimpData()                          #返回训练样本
        weakClassifiterArr=adaBoostTrainDS(dataArr,classLabels)          #通过 AdaBoost 得到多个弱
分类器，保存在 weakClassifiterArr 列表中
        showDataSet(dataArr,classLabels,weakClassifiterArr)                #画图
        print(adaClassify([[1. 3,1. ],[0,0],[5,5]],weakClassifiterArr))     #测试样本进行测试
```

3. 案例结果

AdaBoost 算法案例代码的运行结果如图 8-2 和图 8-3 所示。由图 8-2 可看出，每个弱分类器是一条线，且横轴 x1 是第 0 个特征，纵轴 x2 是第 1 个特征，遍历所有分类器，并用加权投票法来进行分类，最终将结果画图进行可视化。

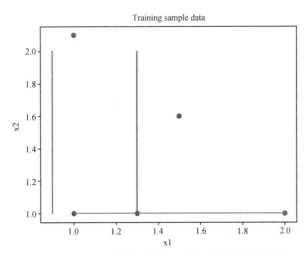

图 8-2 AdaBoost 算法案例代码的运行结果 (坐标图)

在图 8-3 中，lt 是指在该阈值下，若小于阈值，则分类为-1；gt 是指在该阈值下，若大于阈值，则分类为-1，是单层决策树分类算法，且二者加起来的误差肯定为 1。通俗来说，画出阈值那条线后，还有两种情况：一种是阈值线的右边是正例，左边是反例(lt)；另一种是阈值线的左边是正例，右边是反例(gt)。所以每个阈值要计算两种情况的误差。

```
第1个特征，阈值为1.33，ineqal: lt，该阈值的决策树对所有样本的总误差为0.500
第1个特征，阈值为1.33，ineqal: gt，该阈值的决策树对所有样本的总误差为0.500
第1个特征，阈值为1.44，ineqal: lt，该阈值的决策树对所有样本的总误差为0.500
第1个特征，阈值为1.44，ineqal: gt，该阈值的决策树对所有样本的总误差为0.500
第1个特征，阈值为1.55，ineqal: lt，该阈值的决策树对所有样本的总误差为0.500
第1个特征，阈值为1.55，ineqal: gt，该阈值的决策树对所有样本的总误差为0.571
第1个特征，阈值为1.66，ineqal: lt，该阈值的决策树对所有样本的总误差为0.571
第1个特征，阈值为1.66，ineqal: gt，该阈值的决策树对所有样本的总误差为0.429
第1个特征，阈值为1.77，ineqal: lt，该阈值的决策树对所有样本的总误差为0.571
第1个特征，阈值为1.77，ineqal: gt，该阈值的决策树对所有样本的总误差为0.429
第1个特征，阈值为1.88，ineqal: lt，该阈值的决策树对所有样本的总误差为0.571
第1个特征，阈值为1.88，ineqal: gt，该阈值的决策树对所有样本的总误差为0.429
第1个特征，阈值为1.99，ineqal: lt，该阈值的决策树对所有样本的总误差为0.571
第1个特征，阈值为1.99，ineqal: gt，该阈值的决策树对所有样本的总误差为0.429
第1个特征，阈值为2.10，ineqal: lt，该阈值的决策树对所有样本的总误差为0.857
第1个特征，阈值为2.10，ineqal: gt，该阈值的决策树对所有样本的总误差为0.143
第2次迭代中得到的最优单层决策树：第0个特征，阈值为0.90，ineqal: lt，该阈值的决策树对所有样本的总误差为0.143，此弱分类器的权重为：0.896
前2个弱分类器得到的aggClassEst:[[ 1.17568763  2.56198199 -0.77022252 -0.77022252  0.61607184]]
分措样本个数/样本总个数：  0.0
```

图 8-3 AdaBoost 算法案例代码的运行结果 (数据)

>>> 8.2 Bagging 集成学习算法 >> >

Bagging 集成学习算法(以下简称 Bagging 算法)是一种并行的算法，它的弱学习器之间没有依赖关系。在个体学习器相互独立的情况下，集成学习器的误差随着学习器的增多呈指数级下降。但是，在现实世界中，个体学习器都是处理一个相同的问题，不可能真正地达到相互独立，所以要设法使个体学习器尽可能地表现出较大的差异，一个可行的方法就是使用自助采样法，它实际上是一种有放回的随机抽样，具体代表如随机森林。

8.2.1 案例基本信息

本小节对 Bagging 算法用到的基本理论知识进行简单介绍，帮助读者更深入地了解Bagging 算法。

1. 案例涉及的基本理论知识点

Bagging 是并行式集成学习的最著名代表，名称是由 Bootstrap aggregating 缩写而来。看到 Bootstrap，就会联想到 Boostrap 的随机模拟法和它对应的样本获取方式。它是基于自助采样法的，Bagging 同理，给定包含 m 个样本的数据集，先随机抽取一个样本放入采样集，再把该样本放回，使下次采样时该样本仍有机会被选中，这样经过 m 次采样，便从原始数据集中抽取样本得到一个数据量同为 m 的数据集。简单来说，就是统计里的有放回抽样，且每个样本被抽取的概率相同。

2. 案例使用的平台、语言及库函数

平台：Visual Studio Code。

语言：Python。

库函数：sklearn、numpy、matplotlib。

8.2.2 案例设计方案

本小节主要对 Bagging 算法的步骤及其创新点进行简单介绍。

1. 案例描述

Bagging 算法主要按照以下 5 个步骤来设计实现：

（1）从样本集中重采样（有重复的）选出 n 个样本；

（2）在所有属性上，对这 n 个样本建立分类器（ID3、C4.5、CART、SVM、逻辑回归等）；

（3）重复步骤（1）和步骤（2）m 次，即获得了 m 个分类器；

（4）将数据放在这 m 个分类器上，最后根据这 m 个分类器的投票结果，决定数据属于哪一类；

（5）对于分类问题，由投票表决产生分类结果；对于回归问题，由 k 个模型预测结果的均值作为最后的预测结果（所有模型的重要性相同）。

在 Bagging 算法的实现过程中，先将数据集划分为训练集和测试集，再对数据集进行子抽样得到子训练集，在每一个单独的基模型上进行训练和预测，最后将基模型融合，对结果进行综合预测，得到最终模型，其技术路线图如图 8-4 所示。

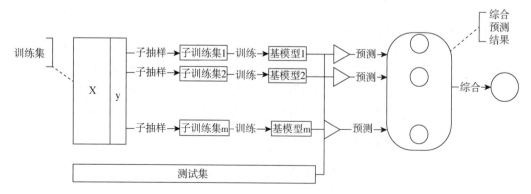

图 8-4　Bagging 算法案例技术路线图

2. 案例创新点

本案例随机生成 200 个数据，并通过 4 个不同的模型对数据集进行分析，将最终结果和真实值的贴合度曲线表现出来，从而对比模型的好坏。Bagging 模型的随机性强，不容易过拟合，并且对异常值不敏感、抗噪声能力强(即使大块的特征遗失，仍可以保持准确度)，其在处理高维数据时无须降维，处理速度快。它是树状结构，模型可解释性强(易辨别每个特征的重要性差异)。

8.2.3　案例实现

1. 案例数据样例或数据集

通过 random 随机生成本案例所需的 200 个数据，将单独的岭回归模型和决策树模型与加了 Bagging 算法的岭回归模型和决策树模型进行结果对比分析。

2. 案例代码

用随机生成的 200 个数据进行实验，分别用 DecisionTree 决策树模型、Ridge 岭回归模型、Bagging Ridge 集成学习岭回归模型以及 Bagging DecisionTree 集成学习决策树模型来分类预测，观察各个模型的结果和真实值的差别，从而判别哪个模型较好。接下来通过案例来演示。

Bagging 算法案例的代码如下：

```
import numpy as np
import matplotlib. pyplot as plt
import matplotlib as mpl
from sklearn. linear_model import RidgeCV
from sklearn. ensemble import BaggingRegressor
from sklearn. tree import DecisionTreeRegressor
from sklearn. pipeline import Pipeline
from sklearn. preprocessing import PolynomialFeatures
def f(x):
return 0. 5 *  np. exp(-(x + 3) * *  2) + np. exp(-x * *  2) + 1. 5 *  np. exp(-(x - 3) * *  2)
if _name_ == "_main_":
np. random. seed(0)
N = 200
x = np. random. rand(N) *  10 - 5   #[-5,5)
x = np. sort(x)
y = f(x) + 0. 05 *  np. random. randn(N)
x. shape = -1,1
degree = 6            #多项式阶数
n_estimators = 100        #树的棵数
max_samples = 0. 5       #50% 的样本随机子集
#交叉验证岭回归
ridge = RidgeCV(alphas = np. logspace(-3,2,20),fit_intercept = False)
#多项式转换的岭回归
ridged = Pipeline([(' poly' ,PolynomialFeatures(degree = degree)),(' Ridge' ,ridge)])
```

```
bagging_ridged=BaggingRegressor(ridged,n_estimators=n_estimators,max_samples=max_samples)
#决策树，最大深度为12层
dtr=DecisionTreeRegressor(max_depth=12)
regs=[
(' DecisionTree' ,dtr),
(' Ridge(% d Degree)' % degree,ridged),
(' Bagging Ridge(% d Degree)' % degree,bagging_ridged),
(' Bagging DecisionTree' ,BaggingRegressor (dtr,n_estimators = n_estimators,max_samples = max_samples))]
#作图
mpl. rcParams[' font. sans-serif' ]=[' SimHei' ]
mpl. rcParams[' axes. unicode_minus' ]=False
plt. figure(figsize=(8,6),facecolor=' w' )
plt. plot(x,y,' ro' ,mec=' k' ,label=' 训练数据' )
x_test=np. linspace(1. 1* x. min(),1. 1* x. max(),1000)
#绘制真实值曲线
plt. plot(x_test,f(x_test),color=' k' ,lw=3,ls=' -' ,label=' 真实值' )
clrs=' #FF2020' ,' m' ,' y' ,' g'
#分别训练4个模型
for i,(name,reg) in enumerate(regs):
reg. fit(x,y)
label=' % s, $ R^2 $ =%. 3f' % (name,reg. score(x,y))
y_test=reg. predict(x_test. reshape(-1,1))
#绘制训练模型曲线
plt. plot(x_test,y_test,color=clrs[i],lw=(i+1)* 0. 5,label=label,zorder=6-i)
#作图
plt. legend(loc=' upper left' ,fontsize=11)
plt. xlabel(' X' ,fontsize=12)
plt. ylabel(' Y' ,fontsize=12)
plt. title(' 回归曲线拟合:samples_rate(%. 1f),n_trees(% d)' % (max_samples,n_estimators),fontsize=15)
plt. ylim((-0. 2,1. 1* y. max()))
plt. tight_layout(2)
plt. grid(b=True,ls=' :' ,color=' #606060' )
plt. show()
```

3. 案例结果

Bagging 算法案例代码的运行结果如图 8-5 所示，结果曲线中的红色圆圈代表本次案例的训练数据，黑色曲线代表真实值，粉色曲线代表 DecisionTree 模型，紫色曲线代表 Ridge 模型，黄色曲线代表 Bagging Ridge 模型，绿色曲线代表 Bagging DecisionTree 模型。从图中很容易看出，集成学习岭回归和决策树模型的结果都要优于不加 Bagging 集成学习的结果。总的来说，加上 Bagging 集成学习岭回归和决策树模型的结果更贴合真实值。读者可以扫描二维码看图 8-5 的彩色效果。

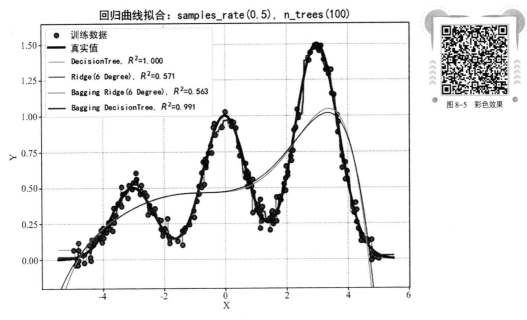

图 8-5 彩色效果

图 8-5 **Bagging** 算法案例代码的运行结果

▶▶| 8.3 对比分析两种集成学习算法 ▶▶ ▶

本节通过对 Boosting 算法和 Bagging 算法的各方面进行对比，以便
读者能够更深入地了解这两种集成学习算法。

8.3.1 Boosting 与 Bagging 算法主要的区别

Boosting 算法：个体学习器之间存在强依赖关系、必须串行生成的序列化方法（如 Ada-
Boost、GBDT）。

Bagging 算法：个体学习器之间不存在强依赖关系、可同时生成的并行化方法（如随机
森林）。

8.3.2 Boosting 与 Bagging 算法的工作机制

1. Boosting 算法

1）Boosting 算法的工作机制

Boosting 算法是一种可将弱学习器提升为强学习器的算法，其工作机制类似于：

（1）先从初始训练集中训练出一个个体学习器；

（2）然后根据个体学习器的表现对样本分布进行调整，使"做错的"样本得到更多的
关注；

（3）再基于调整后的样本分布来训练下一个个体学习器；

（4）如此重复进行，直到个体学习器数目达到之前指定的值 T 为止；

（5）最终将 T 个个体学习器进行加权结合，得到结合的学习器。

换言之，先将初始训练集通过学习算法 1 输入个体学习器 1，然后调整每个样本的占比权重，将其中"做错的"样本的所占权重调大，最后将调整好的训练集通过学习算法 2 输入个体学习器 2，调整每个样本所占的权重，以此类推，最终得到个体学习器 T。Boosting算法的工作机制如图 8-6 所示。

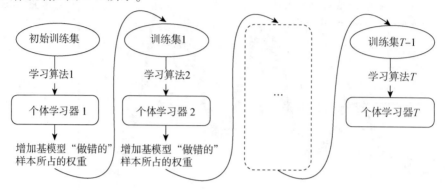

图 8-6　Boosting 算法的工作机制

2）Boosting 算法的优缺点

由于对于不同的样本，在抽样时赋予了其不同的权重，使后面的模型更加关注被错误分类的样本，因此 Boosting 算法比 Bagging 算法具有更高的准确率，但是这也导致了Boosting 算法可能会出现过拟合的现象。

2. Bagging 算法

1）Bagging 算法的工作机制

Bagging 算法通过有放回的随机采样（有放回的采样可得到有交叠的采样子集），使集成中的个体学习器在不会差别太大的情况下尽可能相互独立，从而得到泛化性能更强的集成。其工作机制类似于：

（1）先对训练样本采样，产生若干个不同的子集；

（2）然后从每个子集中训练出个体学习器；

（3）再将个体学习器进行结合（通常对分类任务采用简单投票法，对回归任务采用简单平均法）；

（4）在采样过程中未被采样的数据可用作验证集，对泛化性能进行包外估计，以减少过拟合风险。

由于每个个体学习器都只使用了初始训练集中约 63.2% 的样本，剩下的样本可用作验证集来对泛化性能进行包外估计，因此对每个个体学习器而言，有 36.8% 的样本没有用来训练，这些样本称为该学习器的包外样本。

Bagging 算法的工作机制如图 8-7 所示。从图中可以看出，每一个个体学习器的数据集均由随机采样训练样本和包外样本共同组成，通过不同的学习算法和不同的个体学习器来训练，最后将各个不同的个体学习器经结合模块进行结合，得到最终的集成学习器。

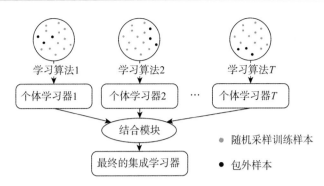

图 8-7　**Bagging** 算法的工作机制

2）Bagging 算法的优点

Bagging 算法的准确率明显高于单个分类器，其原因是存在多个分类器，它能够很好地克服一些噪声，即使一些模型被错误判断，也不会影响最后的结果，具有较好的鲁棒性。此外，多个分类器同样不容易出现过拟合现象。

8.3.3　对比 Boosting 与 Bagging 算法

表 8-1 从样本选择、计算模式、依赖关系、结合模式等不同维度来对比分析 Boosting 与 Bagging 算法的区别，以便读者可以更容易地区分这两种算法。

表 8-1　Boosting 与 Bagging 算法不同维度的对比

对比维度	**Boosting** 算法	**Bagging** 算法
样本选择	每轮训练集不变，只改变错误样例的权重	每轮训练集不同，有放回的随机采样
计算模式	顺序计算，模型 n 基于模型 $n-1$ 的结果	可并行生成各个体学习器（基模型）
依赖关系	个体学习器之间存在强依赖关系	个体学习器之间不存在强依赖关系
结合模式	误差小的个体学习器具有更大的权重	各个体学习器具有相等的权重
误差影响	减小模型的偏度	减少模型的方差
分类模型	弱学习器，最终将弱学习器提升为强学习器	强分类器

本章小结

本章主要介绍了如何用 Python 实现集成学习算法以及各类集成学习算法的知识点，其核心是构建多个学习器，接着通过一定的策略结合来训练模型。集成学习算法分为两类：串行的和并行的。串行的集成学习算法有 AdaBoost 算法，它属于自适应增强的一种算法，即前一个基本分类器被错误分类的样本的权重会增大，而被正确分类的样本的权重会减小，并再次用来训练下一个基本分类器，直到达到设定的条件才结束。并行的集成学习算法有随机森林，其个体学习器不同且独立，采取投票的方式得出最终结果。本章最后介绍了二者之间的区别以及优缺点，对比学习效果更好。

本章习题

1. AdaBoost 算法的自适应在于：前一个基本分类器被错误分类的样本的权值会_____，而被正确分类的样本的权值会_____，并再次用来训练下一个基本分类器。

2. Bagging 算法主要关注降低方差。（判断题）

3. 集成学习只能使用若干个相同类型的学习器。（判断题）

4. 支持向量机可以作为集成学习中的学习器。（判断题）

习题答案

1. 增大，减小。

2. √。　　3. ×。　　4. √。

第 9 章

Python 实现聚类

章前引言

聚类分析技术已经发展了近 60 年，至今该领域依旧非常活跃。聚类分析的地位与其他机器学习理论(如分类、SVM 等)有所不同，主要有以下两个原因：第一，聚类分析是一个多学科交织的研究领域，大部分的聚类算法都需要跨域知识(领域知识)的参与，不同角度会产生不一样的聚类结果，因此聚类结果没有统一的衡量标准；第二，聚类分析领域中的算法多如牛毛，但很难对这些算法提出一个总的划分(概念的划分)，算法之间存在着重叠概念。以上原因导致了聚类分析理论难以形成系统化的理论体系，以至于有些教科书只会轻描淡写地阐述聚类分析的一些理论。但是不可否认的一点是，聚类分析在现实任务中占据着非常重要的地位。

教学目的与要求

通过对 k-means 算法的背景、步骤的介绍及分析，理解数据挖掘 k-means 算法的基本思想以及掌握该算法的基本步骤，了解 k-means 算法的改进方向与措施；掌握使用 k-means 算法进行数据挖掘分析的详细步骤。

学习重点

1. 数据挖掘 k-means 算法的过程及具体方法。
2. 数据挖掘 k-means 算法的改进措施。
3. 使用 k-means 算法进行数据挖掘分析的详细步骤。

学习难点

1. k-means 算法的过程、迭代过程。
2. k-means 算法的评价。

1. 深化职业道德教育，培养主动求知、知难而进、敢于思考、不断创新的精神。

2. 学习与继承已有数据挖掘技术，面对崭新的应用场景，努力实现数据分析技术的创新。

聚类分析算法常应用于无监督学习，其将无类别标记的训练集样本数据按照某种相似性度量方式划分为若干个不相交的子集，每个子集称为一个"簇"，代表一种分类，簇与簇之间满足簇内相关性高、簇间相关性低的特性。由于聚类不存在客观的标准，其总能找到以往算法未覆盖的新角度，从而经过演变生成了新的聚类算法。目前聚类算法主要包含划分聚类、层次聚类、密度聚类、网格聚类和模型聚类几种类型。

本案例首先读入文本，然后进行分词，接着对分词后的文本进行去除停用词，再使用TF-IDF 求出权重，最后通过 k-means 算法进行聚类。

▶▶▶9.1 案例基本信息 ▶▶▶

本节对案例所用到的基本知识点以及实现它所需要的 Python 库函数进行介绍。案例名称为 k-means 算法进行中文文本聚类。

1. 案例涉及的基本理论知识点

k-means 算法也称 k 均值聚类算法，是一种简单而经典的基于距离的聚类算法。该算法使用距离作为相似性的度量，认为两个对象的距离越近，它们的相似度就越大。k 均值聚类的优化目标是通过最小化样本点到其所属聚类中心的距离平方和，来形成紧凑且独立的簇。这意味着它试图将距离较近的对象归为一类，形成具有相似特征的簇。

2. 案例使用的平台、语言及库函数

平台：PyCharm。

语言：Python。

库函数：jieba、pickle、os、pandas、matplotib。

▶▶▶9.2 案例设计方案 ▶▶▶

本节主要对多种分类器对文本聚类实验的步骤及其创新点进行介绍。

1. 案例描述

文本聚类主要是依据著名的聚类假设：同类的文档相似度较大，而不同类的文档相似度较小。作为一种无监督的机器学习方法，聚类由于不需要训练过程，以及不需要预先对文档用手工标注类别，因此具有一定的灵活性和较高的自动化处理能力，已经成为对文本信息进行有效的组织、摘要和导航的重要手段。

聚类与分类是人们认识自然、获取知识的两种手段。"物以类聚，人以群分"，人类往往依赖聚类和分类手段来认识客观世界并形成概念体系。例如，自然界中的猴子就是一群具有长尾巴、会爬树等特征的生物，人们依据这些特征来识别和研究猴子，这是一个分类过程。但这些特征从何而来？这些特征往往是通过这些生物之间自身的相似性以及它们与其他事物之间的差异性得到的，这个过程就是一个聚类分析的过程。从众多的事物中自动获取特征形成概念，其本质上就是一种聚类分析过程。

聚类分析常应用于对搜索引擎返回的结果进行聚类、文档自动归类浏览、信息过滤，主动推荐同类信息等。

2. 案例创新点

词频-逆向文件频率(Term Frequency-Inverse Document Frequency，TF-IDF)是一种用于信息检索与文本挖掘的常用加权技术。

TF-IDF 同时是一种统计方法，用以评估一个字词对于一个文件集或语料库中的一份文件的重要程度。字词的重要性随着它在文件集中出现的次数成正比例增加，但同时会随着它在语料库中出现的频率成反比例下降。

TF-IDF 的主要思想是，若某个字词在一篇文章中出现的频率高，并且在其他文章中很少出现，则认为此词或短语具有很好的类别区分能力，适合用来分类。

9.3　案例实现

本案例所用到的数据集来源于搜狗新闻语料库。语料库语言学的研究范畴：主要研究机器可读自然语言文本的采集、存储、检索、统计、语法标注、句法语义分析，以及具有上述功能的语料库在语言教学、语言定量分析、词汇研究、词语搭配研究、词典编制、语法研究、语言文化研究、法律语言研究、作品风格分析、自然语言理解、机器翻译等方面的应用。

1. 案例数据样例或数据集

搜狗新闻语料库如图 9-1 所示。


```
<doc>
<docno>c172394d49da2142-69713306c0bb3300</docno>
<contenttitle>公安机关销毁１０余万非法枪支　跨国武器走私渐起</contenttitle>
<content>中广网唐山6月１２日消息（记者汤一亮　庄胜春）据中国之声《新闻晚高峰》报道，今天（１２日）上午，公安机关２０１２年缉枪制爆专项行动“统一销毁非法枪爆物品活动”在河北唐山正式启动，１０万余只非法枪支、２５０余吨炸药在全国１５０个城市被统一销毁。□黄明：现在我宣布，全国缉枪制爆统一销毁行动开始！□随着公安部副部长黄明一声令下，大量仿制式枪以及猎枪、火药枪、气枪在河北唐山钢铁厂被投入炼钢炉。与此同时，在全国各省区市１５０个城市，破案追缴和群众主动上缴的１０万余支非法枪支被集中销毁，在全国各指定场所，２５０余吨炸药被分别销毁。公安部治安局局长刘绍武介绍，这次销毁的非法枪支来源于三个方面。□刘绍武：打击破案包括涉黑、涉恶的团伙犯罪、毒品犯罪，还有从境外非法走私的枪支爆炸物。□在销毁现场，记者看到了被追缴和上缴的各式各样的枪支。□刘绍武：也包括制式枪，有的是军用枪、仿制的制式枪，还有猎枪、私制的火药枪等等。按照我国的枪支管理法，这些都是严厉禁止个人非法持有的。中国是世界上持枪犯罪的犯罪率最低的国家之一。□中美联手破获特大跨国走私武器弹药案□近日，中美执法部门联手成功破获特大跨国走私武器弹药案，在中国抓获犯罪嫌疑人２３名，缴获各类枪支９３支、子弹５万余发及大量枪支配件。在美国抓获犯罪嫌疑人３名，缴获各类枪支１２支。这是公安部与美国移民海关执法局通过联合调查方式侦破重大跨国案件的又一成功案例。□２０１１年8月２５日，上海浦东国际机场海关在对美国纽约发往浙江台州，申报品名为扩音器（音箱）的快件进行查验时，发现货物内藏有手枪９支，枪支配件９件，长枪部件７件。经检验，这些都是具有杀伤力的制式枪支及其配件。这引起了公安部和海关总署的高度重视。□公安部刑侦局局长刘安成：因为是从海关进口的货物中检查出来夹带，说明来源地是境外，或是说国外，这应该是一起特大跨国走私武器弹药的案件。□上海市公安局和上海海关缉私局成立联合专案组，迅速开展案件侦查，专案组于８月２６日在浙江台州ＵＰＳ取件处将犯罪嫌疑人王挺（男，３２岁，台州市人）抓获。王挺交代，他通过一境外网站上认识了上家林志富，２００９年１１月以来，林志富长期居住美国，他通过互联网组建了一个走私、贩卖、私藏枪支弹药的群体，通过网络在国内寻找枪支弹药买家，并通过美国ＵＰＳ联邦速递公司将枪支弹药从纽约快递给多名类似王挺的中间人，再通过中间人发送给国内买家。□此案中，犯罪分子依托虚拟网络进行犯罪交易，隐蔽性强，涉案人员使用的身份、地址、联系方式都是虚构的，侦查难度很大。刘安成说，此案体现了是新型犯罪，特别是现代犯罪的新特点。□刘安成：他不受距离的限制、经常是跨国跨境，甚至是跨一个、数个、甚至数十个国家。这种犯罪手法的改变和新型犯罪的特点，要求我们各国警方充分合作。□作者：汤一亮　庄胜春</content>
</doc>
<doc>
<docno>dbb4554e49da2142-69713306c0bb3300</docno>
<contenttitle>张绍刚发道歉信网友不认可：他的问题是俯视他人（图）</contenttitle>
<content>天津卫视求职节目《非你莫属》“晕倒门”事件余波未了，主持人张绍刚前日通过《非你莫属》节目组发出道歉信，称自己错在对留学生缺乏了解。但他的道歉，没有得到网友的接受和原谅，有网友尖锐指出，张绍刚的问题就在俯视他人，连道歉都不会。□张绍刚：我是一番好意□之前哪怕被网友骂得再凶，张绍刚也表现彪悍，声称自己没错，绝不道歉。但这几天李开复领衔讨伐节目组，网上民意汹汹要他“下课”，张绍刚显然有点撑不住。前日他通过《非你莫属》节目组，发出一则语焉不详的道歉信。□信中他将自己在节目中的表现，解释为一番好意，就像几年前程鹤麟先生说他的，“追在别人屁股后面，碎嘴叨叨地说＂你得这样，这是为了你好＂，而自己的错误，在于对求职者不够了解，没有站在别人的角度考虑问题，“当不了解一个群体的时候，就无法给出准确的判断和建议，今年以来的各种沸沸扬扬，大多源自于此。”他最后表示：“留学生的批评我很感谢，我会努力去了解这个群体的所思所想。有问题的，认识、纠正，这是咱们经常跟同学们说的，今天我对自己说！”□网友：别再硬挺下去□张绍刚的这番道歉，却没有得到网友的认可。有网友尖锐指出，张绍刚的问题在于俯视他人，连道歉都不会：“张绍刚要么在讲台，要么在舞台，对学生、对选手都掌握生杀大权，高高在上惯了，很难做到平视。他的问题不在于对哪个群体是否了解，而是他的态度。”□更有网友认为，张绍刚存在自卑感，“在所有的海归学生访谈的时候，他对于相关外文的资料，先以＂我看不懂＂推脱；当学生提及在当地生活经验的时候，他就在对方的用字里面挑刺；然后吆喝批判学生数典忘祖，不爱祖国”。有网友劝张绍刚：“张先生，请先把自卑处理，再当主持人。”“别再硬挺了，再挺下去就真成棒槌了。”（余乐）□作者：余乐　（来源：羊城晚报）</content>
</doc>
```


图 9-1　搜狗新闻语料库

2. 案例代码

k-means 算法进行中文文本聚类案例的代码如下：

```
#main.py
import jieba#jieba 分词。中文分词库
import pickle#序列化与反序列化
import os#处理整理文件和目录
```

```
import pandas as pd
import matplotlib. pyplot as plt
from sklearn. feature_extraction. text import TfidfVectorizer
from sklearn. cluster import KMeans,MiniBatchKMeans
#main. py
import jieba#jieba分词。中文分词库
import pickle#序列化与反序列化
import os#处理整理文件和目录
import pandas as pd
import matplotlib. pyplot as plt
from sklearn. feature_extraction. text import TfidfVectorizer
from sklearn. cluster import KMeans,MiniBatchKMeans
def load_articles():
    filename=' 0(2). dat'
    if os. path. exists(filename):
        with open(filename,' rb' ) as in_data:
            articles=open(filename,' rb' ). read()
            str_num=str(articles)   #将整数转化为字符串
            lower_str_num=str_num. lower()   #调用字符串的lower方法
            return articles
    stop_words=[word. strip() for word in open(' 0(2). dat' ,' r' ,encoding=' utf-8' ). readlines()]
    print(stop_words)
    data=pd. read_csv(' data/36kr_articles. csv' )
    print("正在分词……")
    #分词，去除停用词
    data[' title' ]=data[' title' ]. apply(lambda x: " ". join([word for word in jieba. cut(x) if word not in stop_
words]))
    data[' summary' ]=data[' summary' ]. apply(
        lambda x: " ". join([word for word in jieba. cut(x) if word not in stop_words]))
    data[' content' ]=data[' content' ]. apply(
        lambda x: " ". join([word for word in jieba. cut(str(x)) if word not in stop_words]))
    articles=[]
    for title,summary,content in zip(data[' title' ]. tolist(),
                                      data[' summary' ]. tolist(),
                                      data[' content' ]. tolist()):
        article=title+summary+content
        articles. append(article)
        with open(filename,' wb' ) as out_data:
        pickle. dump(articles,out_data,pickle. HIGHEST_PROTOCOL)#dump写入文件并序列化
    return articles
articles=load_articles()
#print(articles)
```

```python
#先分词，再提取 TF-IDF 特征
#英文文档有天然的空格分隔符，但是中文没有，如果不分词将会把每个句子作为特征
def transform(articles,n_features=1000):
    #将文本进行向量化
    vectorizer=TfidfVectorizer(max_df=0.5,max_features=n_features,min_df=2,use_idf=True)
    #max_df，高频词，50%的文章里都出现过的词称为高频词
    #min_df 设置考虑的词频范围；2 表示词频太低要剔除
    #max_features 设置考虑的最大词语数，可用来限制转化后的文档的长度
    #use_idf 是否为逆文档频率，为 false 时统计的仅是 tf 值
    articles=[str(article).lower() for article in articles]  #将整数转化为字符串，并将文本小写化
    X=vectorizer.fit_transform(articles)
    print("n_samples:%d,n_features: %d" % X.shape)
    return X,vectorizer
def train(X,vectorizer,true_k=10,mini_batch=False,show_label=False):
    """
    训练 k-means
    :param X:
    :param vectorizer:
    :param true_k:
    :param mini_batch:
    :param show_label:
    :return:
    """
    if mini_batch:
        k_means=MiniBatchKMeans(n_clusters=true_k,init='k-means++',n_init=1,
                                init_size=1000,batch_size=1000,verbose=False)
    else:
        k_means=KMeans(n_clusters=true_k,init='k-means++',max_iter=300,n_init=2,
                       verbose=False)
    #表示运用 k-means 算法计算 X 矩阵
    k_means.fit(X)
    #查看权重高的词，把每个词遍历选出
    if show_label:  #显示标签
        print("Top terms per cluster(高频词):")
        #表示聚类中心点
        order_centroids=k_means.cluster_centers_.argsort()[:,::-1]
        terms=vectorizer.get_feature_names_out()
        #print(vectorizer.get_stop_words())
        for i in range(true_k):
            print("Cluster %d" % i,end='')
            for ind in order_centroids[i,:10]:
```

```
                    print(' %s' % terms[ind],end=' ')
             print()
    result=list(k_means. predict(X))
    print(' Cluster distribution:')
    print(dict([(i,result. count(i)) for i in result]))
    return -k_means. score(X)
def plot_params():
    """
    测试选择最优参数
    :return:
    """
    articles=load_articles()
    print("%d docments" % len(articles))
    X,vectorized=transform(articles,n_features=500)
    true_ks=[]
    scores=[]
    for i in range(1,80,1):
        score=train(X,vectorized,true_k=i)/len(articles)
        print(i,score)
        true_ks. append(i)
        scores. append(score)
    plt. figure(figsize=(8,4))
    plt. plot(true_ks,scores,label="error",color="red",linewidth=1)
    plt. xlabel("n_features")
    plt. ylabel("error")
    plt. legend()
    plt. show()
plot_params()
def out():
    """
    在最优参数下输出聚类结果
    :return:
    """
    articles=load_articles()
    X,vectorizer=transform(articles,n_features=500)
    score=train(X,vectorizer,true_k=10,show_label=True)/len(articles)
    print(score)
out()
articles=load_articles()
#print(articles)
#先分词，再提取 TF-IDF 特征
#英文文档有天然的空格分隔符，但是中文没有，如果不分词，将会把每个句子作为特征
```

```
def transform(articles,n_features=1000):
    #将文本进行向量化
    vectorizer=TfidfVectorizer(max_df=0.5,max_features=n_features,min_df=2,use_idf=True)
    #max_df,高频词 50% 的文章里都出现过的词称为高频词
    #min_df 设置考虑的词频范围；2 表示词频太低要剔除
    #max_features 设置考虑的最大词语数，可用来限制转化后的文档的长度
    #use_idf 是否为逆文档频率，为 flase 时统计的仅是 tf 值
    X=vectorizer.fit_transform(articles)
    articles=[str(article) for article in articles]
    print("n_samples:%d,n_features: %d"% X.shape)
    #print("number of non-zero features in sample[{0}]: {1}" . format(docs. filenames[0],X[0]. getnnz()))
    #print(X)
    return X,vectorizer
def train(X,vectorizer,true_k=10,mini_batch=False,show_label=False):
    """
    训练 k-means
    :param X:
    :param vectorizer:
    :param true_k:
    :param mini_batch:
    :param show_label:
    :return:
    """
    if mini_batch:
        k_means=MiniBatchKMeans(n_clusters=true_k,init='k-means++',n_init=1,
                                init_size=1000,batch_size=1000,verbose=False)
    else:
        k_means=KMeans(n_clusters=true_k,init='k-means++',max_iter=300,n_init=2,
                       verbose=False)
    #表示运用 k-means 算法计算 X 矩阵
    k_means.fit(X)
    #查看权重高的词，把每个词遍历选出
    if show_label: #显示标签
        print("Top terms per cluster(高频词):")
        #表示聚类中心点
        order_centroids=k_means.cluster_centers_.argsort()[:,::-1]
        terms=vectorizer.get_feature_names_out()
        #print(vectorizer.get_stop_words())
        for i in range(true_k):
            print("Cluster %d" % i,end='')
            for ind in order_centroids[i,:10]:
```

```
                    print(' %s' % terms[ind],end=' ')
                print()
        result=list(k_means. predict(X))
        print(' Cluster distribution:' )
        print(dict([(i,result. count(i)) for i in result]))
        return -k_means. score(X)
    def plot_params():
        """
        测试选择最优参数
        :return:
        """
        articles=load_articles()
        print("% d documents" % len(articles))
        X,vectorized=transform(articles,n_features=500)
        true_ks=[]
        scores=[]
        for i in range(1,80,1):
            score=train(X,vectorized,true_k=i)/len(articles)
            print(i,score)
            true_ks. append(i)
            scores. append(score)
        plt. figure(figsize=(8,4))
        plt. plot(true_ks,scores,label="error",color="red",linewidth=1)
        plt. xlabel("n_features")
        plt. ylabel("error")
        plt. legend()
        plt. show()
    plot_params()
    def out():
        """
        在最优参数下输出聚类结果
        :return:
        """
        articles=load_articles()
        X,vectorizer=transform(articles,n_features=500)
        #将 articles 列表转换为字符串，并进行小写化处理
        articles=[str(article). lower() for article in articles]
        score=train(X,vectorizer,true_k=10,show_label=True)/len(articles)
        print(score)
```

3. 案例结果

上述代码的运行结果如图 9-2 所示，输出结果将数据集中同类或有联系的一类进行了
输出。

```
Top terms per cluster(高频词):
Cluster 0 161 172 196 199 187 202 183 205 177 203
Cluster 1 163 99 191 178 179 180 181 182 183 184
Cluster 2 207 176 178 179 180 181 182 183 184 185
Cluster 3 186 99 176 178 179 180 181 182 183 184
Cluster 4 181 99 176 178 179 180 182 183 184 185
Cluster 5 168 99 191 178 179 180 181 182 183 184
Cluster 6 176 99 178 179 180 181 182 183 184 185
Cluster 7 214 99 191 178 179 180 181 182 183 184
Cluster 8 212 99 191 178 179 180 181 182 183 184
Cluster 9 201 99 191 178 179 180 181 182 183 184
Cluster distribution:
{0: 6732, 6: 115, 2: 126, 1: 467, 5: 75, 7: 192, 9: 126, 8: 167, 3: 131, 4: 239}
0.7926388773531928
8370 documents
```

图 9-2　k-means 算法进行中文文本聚类案例代码的运行结果

本章小结

本章主要通过中文文本聚类案例介绍了 k-means 算法的应用，案例创新点是用到了自然语言处理领域的 TF-IDF，最后也得到了分析结果。

本章习题

1. k-means 算法的优化目标是最小化簇内数据点与簇质心的(　　)。

A. 距离平均值　　　　　　　　　　B. 距离最大值

C. 距离平方和　　　　　　　　　　D. 距离绝对值和

2. k-means 算法的核心步骤包括初始簇心、将数据点分配到最近的簇、重新计算簇质心，不断迭代直到_____。

3. k-means 算法的优缺点分别是什么？

4. k-means 算法如何解决初始簇心的选择问题？

习题答案

1. C。

2. 收敛。

3. k-means 算法的优点是简单易懂，计算速度快，适用于大规模数据集；缺点是对初始簇心的选择敏感，容易陷入局部最优解，需要多次运行以获得较好的聚类结果。另外，k-means 算法对非球形簇和不同密度的簇效果不佳。

4. k-means 算法通常使用随机初始化方法来选择初始簇心，但这种方法容易陷入局部最优解。为了解决这个问题，可以采用 k-means++算法来选择初始簇心，该算法会根据数据点之间的距离来选择初始簇心，从而增加了随机性，降低了陷入局部最优解的概率。

第 10 章

Python 实现降维与度量学习

章前引言

在实际应用中，往往会对研究事物的多个维度进行数据采集，以便进行数据分析。海量数据集虽然为实验研究提供了丰富的信息，但也增加了问题分析的复杂性。通常用来描述数据特征的量词称为维度（又称维数），例如描述苹果的维数为5（大小，色泽，价格，品种，产地）。针对一个特定的任务目标，当数据的维数过高时，会包含一定的噪声和冗余信息，引入误差，同时造成较大的资源开销。数据降维处理可以去除一些非必要的信息，帮助获取数据的本质特征，减少误差影响，提高准确率，完成数据压缩。

顾名思义，数据降维就是利用某种映射将 D 维空间投影到 K 维空间（$D>K$），可依据数据集的特征及任务目标选取合适的降维方法，实现减少数据量、避免过拟合、加快模型训练等效果。若将数据集降至二维或三维，则可通过可视化技术来直观地呈现降维效果。目前，数据降维技术主要分为特征选择与特征抽取两大类。

教学目的与要求

了解数据降维的背景；理解数据降维的思想与实现方法；理解并掌握主成分分析实现数据降维的原理与编程过程。

学习重点

主成分分析实现数据降维的编程过程。

学习难点

主成分分析实现数据降维的原理。

素养目标

1. 提高动手能力，具备完整的编程思想。
2. 加强对所学知识的程序化，提升数据科学素养。

▶▶ 10.1　案例基本信息 ▶▶ ▶

1. 案例涉及的基本理论知识点

主成分分析（PCA）的基本思想是去除不必要的信息，仅保留能足够分析需求的数据主要成分。利用PCA进行数据降维时，会得到 K 个新的正交特征，而非直接筛除部分特征后剩余的 K 个原有特征。

PCA中涉及两个非常重要的数学概念——方差与协方差。方差可用于衡量数据的稳定性，数据越集中，方差越小；协方差用来描述数据间的关联关系，协方差的绝对值越大，二者相关性越强。可以认为数据点越集中，信息丢失得越多；数据点越分散，信息保留得越多。因此，PCA追求样本数据投影后方差最大化与协方差最小化，以此利用较少的维度来最大化保存数据的内在信息，实现去相关的效果。

样本数据集的维数较多时，维度两两间的协方差构成协方差矩阵。协方差矩阵对角线即为自身维度的方差，其他元素是不同维度间的协方差。将样本数据去除平均值后，求解其对应协方差矩阵的特征值与特征向量，可将特征向量看作投影面，特征值视为原特征投影到该投影面对应的方差，通过方差大小来衡量该方向的重要性。因此，将特征值进行降序排列后，选取前 K 个特征向量，这几个特征向量的方向就是降维后的新维度。将新样本投影到筛选的特征向量上即实现了数据的降维。

2. 案例使用的平台、语言及库函数

平台：PyCharm。

语言：Python。

库函数：matplotlib、sklearn。

▶▶ 10.2　案例设计方案 ▶▶ ▶

1. 案例描述

本案例采用的依旧是sklearn库中的鸢尾花数据集，首先将鸢尾花数据集导入，使用y表示数据集中的标签，使用x表示数据集中的属性数据，接下来调用PCA算法进行降维主成分分析，最后通过可视化技术输出降维之后的效果图。本案例的技术路线图如图10-1所示。

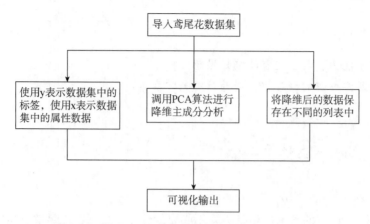

图 10-1 基于 PCA 算法的数据降维案例技术路线图

2. 案例创新点

以字典的形式加载鸢尾花数据集，同时采用了可视化技术将鸢尾花数据集降维后的效果图输出，以便于读者能够更加清晰地看出效果。

▶▶| 10.3 案例实现 ▶▶ ▶

1. 案例数据样例或数据集

鸢尾花数据集是一个经典的多重变量分析的数据集，在统计学习和机器学习领域中经常被用作示例。该数据集内包含 3 类共 150 个数据，每类各 50 个数据，每个数据都有 4 个属性：花萼长度、花萼宽度、花瓣长度、花瓣宽度。可以通过这 4 个属性预测鸢尾花属于 Iris-setosa、Iris-versicolour、Iris-virginica 中的哪一个品种。

在代码中可以直接从 sklearn 库中调取鸢尾花数据集，所以不需要提前进行下载。

2. 案例代码

基于 PCA 算法的数据降维案例的代码如下：

```
#导入鸢尾花数据集，调用 matplotlib 包用于数据的可视化，并加载 PCA 算法包
import matplotlib. pyplot as plt
from sklearn. decomposition import PCA
from sklearn. datasets import load_iris
#然后以字典的形式加载鸢尾花数据集，使用 y 表示数据集中的标签，使用 x 表示数据集中的属性
数据
data=load_iris()
y=data. target
x=data. data
#调用 PCA 算法进行降维主成分分析
#指定主成分个数，即降维后的数据维度，降维后的数据保存在 reduced_x 中
pca=PCA(n_components=2)
reduced_x=pca. fit_transform(x)
#将降维后的数据保存在不同的列表中
```

```
red_x,red_y=[],[]
blue_x,blue_y=[],[]
green_x,green_y=[],[]
for i in range(len(reduced_x)):
    if y[i]==0:
        red_x. append(reduced_x[i][0])
        red_y. append(reduced_x[i][1])
    elif y[i]==1:
        blue_x. append(reduced_x[i][0])
        blue_y. append(reduced_x[i][1])
    else:
        green_x. append(reduced_x[i][0])
        green_y. append(reduced_x[i][1])
#可视化
plt. scatter(red_x,red_y,c=' r' ,marker=' x' )
plt. scatter(blue_x,blue_y,c=' b' ,marker=' D' )
plt. scatter(green_x,green_y,c=' g' ,marker=' . ' )
plt. show()
```

3. 案例结果

上述代码的运行结果如图 10-2 所示，可以看到，图中一共有 3 种类型，都是可分的。

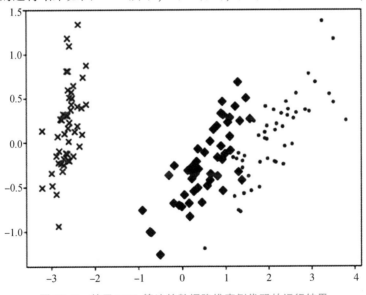

图 10-2　基于 PCA 算法的数据降维案例代码的运行结果

本章小结

本章主要介绍了关于数据降维的一些常用的 PCA 算法，核心是选择样本点投影到具有最大方差的方向。

本章习题

1. 请写出一种常见的用于数据降维的无监督方法：＿＿＿＿＿。

2. PCA 是一种非线性降维方式。(判断题)

3. 主成分分析通过某种线性变换，将数据从高维空间映射到低维空间，寻找确认映射过程中每个维度的权重，使投影后的数据点方差尽量大、协方差尽量小，保证在减少数据特征的同时，留住较多的原始数据特性。(判断题)

4. 方差、标准差、协方差之间有什么不同？

习题答案

1. 主成分分析(PCA)。

2. ×。

3. √。

4. 方差：用于衡量一组数据的离散程度，即每个变量与均值之间的差异；

标准差：方差的算术平方根，也可用于衡量数据的离散程度；

协方差：用于衡量两个变量的总体误差，两个变量的变化趋势一致，则协方差为正，反之为负。

综合实践篇

第 11 章

鸢尾花数据集分析

章前引言

鸢尾花数据集是机器学习领域中最经典的数据集之一，由著名的统计学家与生物学家罗纳德·费希尔于 1936 年首次引入。其因简洁性和可解释性而备受欢迎，通常用于教学和实验，以帮助理解各种机器学习和数据分析概念。因为这个数据集具有独特的特点，故其成为研究和实践中的理想选择。通过对鸢尾花数据集进行分析，可以学习如何进行数据预处理、可视化、分类以及模型评估等。

教学目的与要求

学习如何通过 4 种算法对鸢尾花数据集进行分析，从而找出训练效果更好的方法；学习调用 sklearn、seaborn 等库中的方法生成各种数据图，对鸢尾花数据集进行可视化分析；掌握使用 Python 及相关工具库的能力；协作完成任务，锻炼其团队合作能力。

学习重点

1. 掌握机器学习算法在不同场景下的应用，探索不同的算法在相同数据集和环境下，训练数据的准确率，分析在不同场景下用哪一种算法最佳。

2. 能够使用 Python 及相关工具库(如 sklearn、pandas、numpy、matplotlib、seaborn 等)对鸢尾花数据集进行可视化分析和预测，并能够对预测结果进行评估与优化。具备良好的团队协作能力，能够与其他成员协作完成项目任务。

学习难点

1. 数据预处理。在进行任何机器学习任务之前，都需要对原始数据进行一定的预处理，以便让数据可供分析和建模使用。但如何正确地处理并转换数据，又不影响原有的信息，在这个过程中可能会出现各种挑战。

2. 特征选择。鸢尾花数据集中包含 4 种数值型特征，但不一定所有的特征都对分类或聚类等任务有帮助。如何选择最具代表性的特征，让机器学习算法更加准确地解决问题，需要具备一定的领域知识和经验。

3. 模型选择与调优。在完成鸢尾花数据集的分类或聚类任务时，需要选择合适的机器学习模型，并对其参数进行调优。但针对不同场景和任务，不同的机器学习模型或算法可能会有不同的表现，选用哪种机器学习模型及如何调整其参数，需要具备一定的理论基础和实践经验。

4. 超参数调优。不同的机器学习模型有不少需要预先设定的超参数，如何选择和调优这些超参数也是一个难点。如果不适当地选择超参数，可能出现模型过拟合、欠拟合等问题，因此需要使用交叉验证等技术来评估模型的性能以及选取最佳的超参数。

素养目标

1. 提高编程能力，具备编程实践能力。
2. 加强实践能力，提升数据科学素养。
3. 具备较强的数据处理和数据分析能力，避免数据分布不平衡导致结果偏差较大。

▶▶| 11.1 案例基本信息 ▶▶▶

鸢尾花数据集因其简单但完整的数据结构而被广泛应用，常作为机器学习和统计学中分类与聚类问题的基准测试集。通过对该数据集的分析和建模，可以研究不同机器学习算法在不同场景下的表现，并探索如何优化和改进这些算法。此外，该数据集也被广泛用于教学和实验室研究，可以帮助读者更好地理解机器学习和统计学的概念和原理。

1. 案例涉及的基本理论知识点

1）支持向量机算法

支持向量机（Support Vector Machines，SVM）是一种二分类模型，它的基本思想是在特征空间中寻找间隔最大的分离超平面，使数据得到高效的二分类。具体来讲，有以下3种情况（如果不加核函数，就是一个线性模型，加了之后才会升级为一个非线性模型）：

（1）当训练数据线性可分时，通过硬间隔最大化，学习一个线性分类器，即线性可分SVM；

（2）当训练数据近似线性可分时，引入松弛变量，通过软间隔最大化，学习一个线性分类器，即线性SVM；

（3）当训练数据线性不可分时，通过使用核技巧及软间隔最大化，学习一个线性分类器，即非线性SVM。

2）逻辑回归算法

逻辑回归（Logistic Regression，LR）名称里虽然带"回归"二字，但是它实际上是一种分类方法，主要用于二分类问题，利用sigmoid函数，自变量取值范围为（$-INF$，INF）。

LR分类器的目的就是从训练数据特征中学习出一个0/1分类模型——这个模型以样本特征的线性组合作为自变量，使用sigmoid函数将自变量映射到（0，1）上。

3）决策树算法

决策树（Decision Tree，DT）算法是一种常用的机器学习算法，可以用于分类和回归问题。它本质上是一种树形结构，其中每个内部节点表示对一个特征的测试，每个分支代表一个测试输出，每个叶子节点代表一种分类或回归结果。在分类问题中，每个叶子节点代表一个类别标签；在回归问题中，每个叶子节点代表一个实数。

4）K 最近邻算法

K 最近邻（K-Nearest Neighbor，KNN）算法是一种常见的无参数分类算法，也可用于回归分析。KNN 算法的核心思想是在训练集中找到离测试样本最近的 k 个样本，并基于这 k 个样本的输出值进行分类或回归。在分类问题中，KNN 算法会根据这 k 个样本的类别统计得到测试样本的类别；在回归问题中，KNN 算法会根据这 k 个样本的输出值得到测试样本的输出。

2. 案例使用的平台、语言及库函数

平台：PyCharm。

语言：Python。

库函数：sklearn、pandas、seaborn、matplotlib、warnings、numpy。

▶▶▶ 11.2　案例设计方案 ▶▶▶

本节主要对鸢尾花数据集分析案例的步骤及其创新点进行简单介绍。

1. 案例描述

本案例的步骤如下。

（1）数据收集。从公开数据源或其他渠道收集鸢尾花数据集。鸢尾花数据集已经非常著名和常用，可以通过多个机器学习库或网站下载到该数据集。

（2）数据清洗与预处理。对收集到的鸢尾花数据集进行清洗、去重、缺失值处理、异常值检测等预处理工作，确保数据的质量和可信度。

（3）数据探索与可视化。通过多种统计分析和可视化方法，探索鸢尾花数据集中特征之间的相关性及特征的分布情况，以便更好地理解数据集所代表的真实情况。

（4）特征工程。对数据集进行特征选择、转换、降维等操作，提取最具有代表性的特征组合，以便能够更准确地训练机器学习模型。

（5）模型开发。根据任务需求，采用不同的机器学习算法，如 DT、SVM、LR 等进行模型建立，并调整超参数和模型结构，以便获得最优的模型效果。

（6）模型评估。通过交叉验证等技术，评估模型的性能和泛化能力，并选出最佳模型。

（7）模型应用。使用训练好的机器学习模型进行实际数据的预测或分类工作。如果有需要，可以将鸢尾花数据集分为训练集、测试集和验证集等不同部分进行模型的测试和评估，以便更加准确地判断模型的性能和预测效果。

2. 案例创新点

本案例中，为了方便用户理解，采用了多种可视化数据分析图来鲜明直观地把鸢尾花的 4 种属性、3 个种类的特征展现出来，使用户在进行数据分析时更加清楚明白。

▶▶| 11. 3 案例实现 ▶▶ ▶

1. 案例数据样例或数据集

读者扫描二维码，可查看鸢尾花数据集(Iris. csv 文件)。

鸢尾花数据集

读入 Iris. csv 文件，该文件为一个包含 150 行数据的表格，每行数据有 6 个字段，分别是行编号、花萼长度、花萼宽度、花瓣长度、花瓣宽度、鸢尾花种类。鸢尾花数据集部分截取如图 11-1 所示。

```
Id,SepalLengthCm,SepalWidthCm,PetalLengthCm,PetalWidthCm,Species
1,5.1,3.5,1.4,0.2,Iris-setosa
2,4.9,3,1.4,0.2,Iris-setosa
3,4.7,3.2,1.3,0.2,Iris-setosa
4,4.6,3.1,1.5,0.2,Iris-setosa
5,5,3.6,1.4,0.2,Iris-setosa
6,5.4,3.9,1.7,0.4,Iris-setosa
7,4.6,3.4,1.4,0.3,Iris-setosa
8,5,3.4,1.5,0.2,Iris-setosa
9,4.4,2.9,1.4,0.2,Iris-setosa
10,4.9,3.1,1.5,0.1,Iris-setosa
```

图 11-1   鸢尾花数据集部分截取

鸢尾花数据集包含 150 个样本，对应数据集的每行数据。每行数据包含每个样本的 4 个属性和样本的类别信息，所以鸢尾花数据集是一个 150 行 5 列的二维表，是用来给鸢尾花作分类的数据集，每个样本包含了花萼长度、花萼宽度、花瓣长度、花瓣宽度 4 个属性（前 4 列），需要建立一个分类器，分类器可以通过样本的 4 个属性来判断样本属于山鸢尾、变色鸢尾还是维吉尼亚鸢尾。

本案例把鸢尾花数据集划分为训练集和测试集，测试集数据的占比为 30%。

2. 案例代码

本案例的代码如下：

```
import numpy as np
import pandas
import pandas as pd
import seaborn as sns
import matplotlib. pyplot as plt
import warnings
from sklearn. linear_model import LogisticRegression
from sklearn. model_selection import train_test_split
from sklearn. neighbors import KNeighborsClassifier
from sklearn import svm
from sklearn import metrics
from sklearn. tree import DecisionTreeClassifier
#load data
```

```
iris=pd. read_csv(' Iris. csv' )
iris. head()
iris. info()
iris. drop(' Id' ,axis=1,inplace=True)
#在采用 sklearn 库的 MLPClassifier 分类器进行训练的时候出现此问题，忽略警告即可
warnings. filterwarnings("ignore")
#表示鸢尾花的 3 个品种的花萼长度(x 轴)与花萼宽度(y 轴)之间的关系
fig=iris[iris. Species=='Iris- setosa' ]. plot(kind=' scatter' ,x=' SepalLengthCm' ,y=' SepalWidthCm' ,color
=' orange' ,label=' Setosa' )
iris[iris. Species=='Iris- versicolor' ]. plot(kind=' scatter' ,x=' SepalLengthCm' ,y=' SepalWidthCm' ,color
=' blue' ,label=' versicolor' ,ax=fig)
iris[iris. Species=='Iris- virginica' ]. plot(kind=' scatter' ,x=' SepalLengthCm' ,y=' SepalWidthCm' ,color=
' green' ,label=' virginica' ,ax=fig)
fig. set_xlabel("Sepal Length")
fig. set_ylabel("Sepal Width")
fig. set_title("Sepal Length VS Width")
fig=plt. gcf()
fig. set_size_inches(10,6)
plt. show()
#表示鸢尾花的 3 个品种的花瓣长度(x 轴)和花瓣宽度(y 轴)之间的关系
fig=iris[iris. Species=='Iris- setosa' ]. plot. scatter(x=' PetalLengthCm' ,y=' PetalWidthCm' ,color='
orange' ,label=' Setosa' )
iris[iris. Species=='Iris- versicolor' ]. plot. scatter(x=' PetalLengthCm' ,y=' PetalWidthCm' ,color=' blue' ,
label=' versicolor' ,ax=fig)
iris[iris. Species=='Iris- virginica' ]. plot. scatter(x=' PetalLengthCm' ,y=' PetalWidthCm' ,color=' green' ,
label=' virginica' ,ax=fig)
fig. set_xlabel("Petal Length")
fig. set_ylabel("Petal Width")
fig. set_title(" Petal Length VS Width")
fig=plt. gcf()
fig. set_size_inches(10,6)
plt. show()
#绘制直方图
iris. hist(edgecolor=' black' ,linewidth=1. 2)
fig=plt. gcf()
fig. set_size_inches(12,6)
plt. show()
#绘制小提琴图
plt. figure(figsize=(15,10))
plt. subplot(2,2,1)
sns. violinplot(x=' Species' ,y=' PetalLengthCm' ,data=iris)
plt. subplot(2,2,2)
sns. violinplot(x=' Species' ,y=' PetalWidthCm' ,data=iris)
plt. subplot(2,2,3)
```

```
sns. violinplot(x=' Species' ,y=' SepalLengthCm' ,data=iris)
plt. subplot(2,2,4)
sns. violinplot(x=' Species' ,y=' SepalWidthCm' ,data=iris)
#绘制热力图
plt. figure(figsize=(7,4))
sns. heatmap(iris. corr(numeric_only=True),annot=True,cmap=' cubehelix_r' )
plt. show()
#将鸢尾花数据集划分为训练集和测试集，并打印它们的形状
train,test=train_test_split(iris,test_size=0. 3)
print(train. shape)
print(test. shape)
#训练数据和测试数据
train_x=train[[' SepalLengthCm' ,' SepalWidthCm' ,' PetalLengthCm' ,' PetalWidthCm' ]]
train_y=train. Species
test_x=test[[' SepalLengthCm' ,' SepalWidthCm' ,' PetalLengthCm' ,' PetalWidthCm' ]]
test_y=test. Species
#分别比较
petal=iris[[' PetalLengthCm' ,' PetalWidthCm' ,' Species' ]]
sepal=iris[[' SepalLengthCm' ,' SepalWidthCm' ,' Species' ]]
train_p,test_p=train_test_split(petal,test_size=0. 3,random_state=0)
train_x_p=train_p[[' PetalWidthCm' ,' PetalLengthCm' ]]
train_y_p=train_p. Species
test_x_p=test_p[[' PetalWidthCm' ,' PetalLengthCm' ]]
test_y_p=test_p. Species
train_s,test_s=train_test_split(sepal,test_size=0. 3,random_state=0)
train_x_s=train_s[[' SepalWidthCm' ,' SepalLengthCm' ]]
train_y_s=train_s. Species
test_x_s=test_s[[' SepalWidthCm' ,' SepalLengthCm' ]]
test_y_s=test_s. Species
#SVM
#导入支持向量机模型
model=svm. SVC()
#使用模型拟合训练集
model. fit(train_x,train_y)
#对测试集进行预测
prediction=model. predict(test_x)
#输出支持向量机的准确率
print(' The    accuracy    of    the    SVM    is:' ,metrics. accuracy_score(prediction,test_y))
#创建一个新的支持向量机模型
model=svm. SVC()
#使用处理过的训练集来拟合模型
model. fit(train_x_p,train_y_p)
#对处理过的测试集进行预测
```

```python
prediction=model. predict(test_x_p)
#输出处理过的支持向量机的准确率
print(' The  accuracy  of  the  SVM_p  is:' ,metrics. accuracy_score(prediction,test_y_p))
#创建另一个新的支持向量机模型
model=svm. SVC()
#使用标准化后的训练集来拟合模型
model. fit(train_x_s,train_y_s)
#对标准化后的测试集进行预测
prediction=model. predict(test_x_s)
#输出标准化后的支持向量机的准确率
print(' The  accuracy  of  the  SVM_s  is:' ,metrics. accuracy_score(prediction,test_y_s))
#LR
#创建一个逻辑回归模型
model=LogisticRegression()
#使用训练数据训练模型
model. fit(train_x,train_y)
#使用测试数据进行预测
prediction=model. predict(test_x)
#输出逻辑回归模型的准确率
print(' The  accuracy  of  the  Logistic  Regression  is' ,metrics. accuracy_score(prediction,test_y))
#创建一个逻辑回归模型，使用不同的训练数据
model=LogisticRegression()
model. fit(train_x_p,train_y_p)
prediction=model. predict(test_x_p)
#输出逻辑回归模型的准确率
print(' The  accuracy  of  the  Logistic  Regression_p  is' ,metrics. accuracy_score(prediction,test_y_p))
#创建一个逻辑回归模型，使用不同的训练数据
model=LogisticRegression()
model. fit(train_x_s,train_y_s)
prediction=model. predict(test_x_s)
#输出逻辑回归模型的准确率
print(' The  accuracy  of  the  Logistic  Regression_s  is' ,metrics. accuracy_score(prediction,test_y_s))
#DT
#创建决策树分类器对象
model=DecisionTreeClassifier()
#使用训练集进行模型训练
model. fit(train_x,train_y)
#使用训练好的模型进行测试集的预测
prediction=model. predict(test_x)
#输出模型在测试集上的准确率
print(' The  accuracy  of  the  Decision  Tree  is' ,metrics. accuracy_score(prediction,test_y))
#创建决策树分类器对象
model=DecisionTreeClassifier()
```

```python
#使用经过特征选择后的训练集进行模型训练
model. fit(train_x_p,train_y_p)
#使用训练好的模型对经过特征选择后的测试集进行预测
prediction=model. predict(test_x_p)
#输出模型在特征选择后测试集上的准确率
print(' The  accuracy  of  the  Decision  Tree_p  is' ,metrics. accuracy_score(prediction,test_y_p))
#创建决策树分类器对象
model=DecisionTreeClassifier()
#使用经过特征缩放后的训练集进行模型训练
model. fit(train_x_s,train_y_s)
#使用训练好的模型对经过特征缩放后的测试集进行预测
prediction=model. predict(test_x_s)
#输出模型在特征缩放后测试集上的准确率
print(' The  accuracy  of  the  Decision  _s  is' ,metrics. accuracy_score(prediction,test_y_s))
#KNN
#创建一个有 3 个近邻的 KNN 分类器模型
model=KNeighborsClassifier(n_neighbors=3)
#使用 train_x 和 train_y 作为训练数据训练模型
model. fit(train_x,train_y)
#对 test_x 进行预测
prediction=model. predict(test_x)
#输出预测准确度
print(' KNN 的准确度为:' ,metrics. accuracy_score(prediction,test_y))
#创建一个有 3 个近邻的 KNN 分类器模型
model=KNeighborsClassifier(n_neighbors=3)
#使用 train_x_p 和 train_y_p 作为训练数据训练模型
model. fit(train_x_p,train_y_p)
#对 test_x_p 进行预测
prediction=model. predict(test_x_p)
#输出预测准确度
print(' KNN_p 的准确度为:' ,metrics. accuracy_score(prediction,test_y_p))
#创建一个有 3 个近邻的 KNN 分类器模型
model=KNeighborsClassifier(n_neighbors=3)
#使用 train_x_s 和 train_y_s 作为训练数据训练模型
model. fit(train_x_s,train_y_s)
#对 test_x_s 进行预测
prediction=model. predict(test_x_s)
#输出预测准确度
print(' KNN_s 的准确度为:' ,metrics. accuracy_score(prediction,test_y_s))
a_index=list(range(1,11))
#a=pd. Series()
a=pd. Series(dtype=' float64' )
```

```
x=[1,2,3,4,5,6,7,8,9,10]
for i in list(range(1,11)):
    model=KNeighborsClassifier(n_neighbors=i)
    model. fit(train_x,train_y)
    prediction=model. predict(test_x)
    #a=a. append(pd. Series(metrics. accuracy_score(prediction,test_y)))
    a=pandas. concat([pd. Series(metrics. accuracy_score(prediction,test_y))])
plt. plot(a_index,a)
```

3. 案例结果

上述代码的运行结果如图 11-2~图 11-6 所示。读者可扫描二维码查看下图的彩色效果。

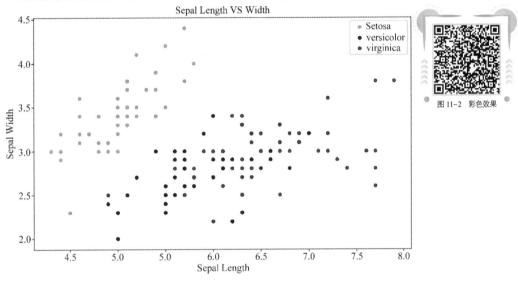

图 11-2 花萼长度和宽度的分布关系

图 11-2 彩色效果

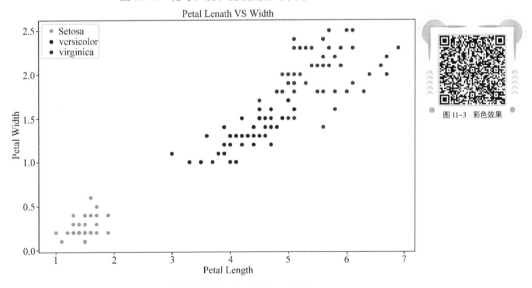

图 11-3 花瓣长度和宽度的分布关系

图 11-3 彩色效果

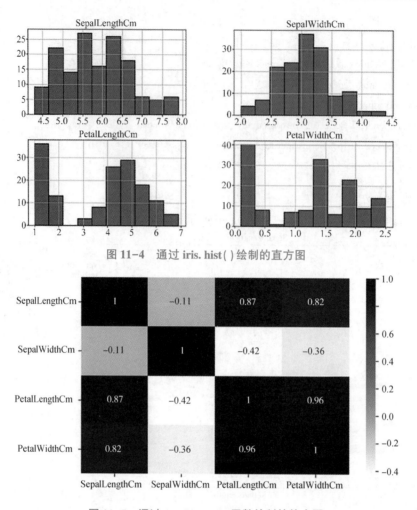

图 11-4　通过 iris. hist( )绘制的直方图

图 11-5　通过 sns. heatmap 函数绘制的热力图

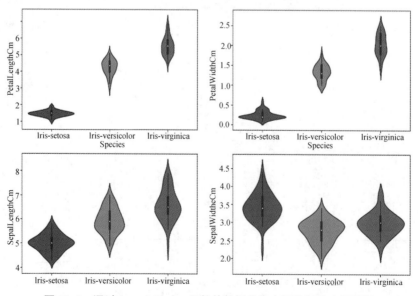

图 11-6　通过 sns. violinplot 函数从数据分布方面绘制的小提琴图

经过可视化数据分析以及准确率的预测，可以得出以下结论。

（1）使用花瓣的尺寸来训练数据较花萼更准确。正如在探索性分析的热图中所看到的那样，花萼宽度和长度之间的相关性非常低，而花瓣宽度和长度之间的相关性非常高。

（2）使用 KNN 模型进行训练的效果更好、更精确。

本章小结

本章主要对鸢尾花数据集进行了分析，首先讨论了为什么要实现本实验，然后介绍了机器学习的基本概念和常用算法，如 SVM 算法、DT 算法、LR 算法等，最后详细探讨了如何对数据集进行预处理，提取出重要信息。

本章提供了一个全面的指南，介绍了如何使用 4 种算法来分析鸢尾花数据集，并提供了实用的技术和工具库来全面分析这些数据。

本章习题

1. 下列(　　)模型是分类算法。

A. 一元线性回归　　　　　　　　　B. 对数线性回归

C. 多元线性回归　　　　　　　　　D. 逻辑回归

2. 硬间隔支持向量机可以求解非线性问题。（判断题）

3. 核支持向量机是将数据投影到高维空间来进行分类的。（判断题）

4. 3 种模型选择方法是_____、_____、_____。

5. 简述 3 种支持向量机以及它们可以解决的数据特点。

习题答案

1. D。

2. ×。

3. 对。

4. 留出法、交叉验证法、自助法。

5. 线性可分支持向量机，硬间隔最大化；

线性支持向量机，软间隔最大化；

非线性支持向量机，核技巧及软间隔最大化。

第 12 章
疾病预测及分类

章前引言

  疾病预测与分类是医学和计算机科学领域交汇的重要领域，它融合了医学知识和机器学习算法，为医疗保健提供了前所未有的机会。当今世界，疾病诊断和预测的准确性和效率对于患者的生存和生活质量至关重要。随着医疗数据的大规模积累和计算能力的飞速发展，疾病预测与分类领域迎来了黄金时代。本章将引导读者深入了解疾病预测与分类的核心概念、技术和应用。无论是医学专业的从业者，还是计算机科学领域的研究者，本章都将为其提供一个综合的视角，探讨如何利用机器学习和数据科学技术，以更精准、快速和智能的方式应对各种疾病。

教学目的与要求

  学习如何对疾病数据进行预处理、特征选择、模型构建及评估等；掌握使用 Python 及相关工具库的能力；协作完成任务，锻炼团队合作精神。

学习重点

  1. 理解疾病分析及预测的背景和意义，包括其在医学领域中的应用价值以及对决策制定的重要性。

  2. 掌握机器学习算法在疾病分析及预测中的应用，包括数据预处理、特征选择、模型构建等环节，并能够根据实际情况选择合适的算法进行预测。

  3. 能够使用 Python 及相关工具库（如 sklearn、pandas、numpy 等）实现疾病分析及预测，并能够对分析结果进行评估与优化。具备良好的团队协作能力，能够与其他成员协作完成项目任务。

学习难点

1. 数据预处理。清洗、缺失值填充和异常值处理，需要花费大量时间和精力。

2. 特征选择。从众多特征中选取对模型有重要影响的特征，需要考虑特征之间的相关性和对目标变量的贡献度。

3. 模型优化。对于不同的算法，需要进行参数调整和用交叉验证等方法来提高预测准确率。

素养目标

1. 提高编程能力，具备编程实践能力。
2. 加强实践能力，提升数据科学素养。
3. 具备较强的数据处理和数据分析能力，避免数据分布不平衡导致结果偏差较大。

▶▶▶ 12.1 心脏病分析及预测 ▶▶ ▶

下面对心脏病分析及预测案例的基本信息、设计方案及代码进行介绍。

12.1.1 案例基本信息

心脏病是一种常见的心血管疾病，也是导致全球死亡率居高不下的主要原因之一。随着人们生活方式的改变和人口老龄化的加剧，心脏病的发病率呈现逐年上升的趋势，对人们的健康和生命安全造成了严重威胁。因此，对心脏病的分析和预测具有重要意义。

本案例旨在利用机器学习算法对心脏病进行分析和预测，并提供相应的决策支持。通过对大量的心脏病患者的数据进行收集和分析，结合现代机器学习算法和模型，对心脏病的发展趋势进行预测，为医疗决策和治疗方案提供科学依据和参考。

1. 案例涉及的基本理论知识点

(1)线性回归。

线性回归是利用数理统计中的回归分析，来确定两种或两种以上变量间相互依赖的定量关系的一种统计分析方法，应用十分广泛。其表达形式为 $y = w^T x + e$，e 为误差，其结果服从均值为 0 的正态分布。

在统计学中，线性回归是利用称为线性回归方程的最小平方函数，对一个或多个自变量和因变量之间的关系进行建模的一种回归分析。这种函数是一个或多个称为回归系数的模型参数的线性组合。只有一个自变量的情况称为简单回归，大于一个自变量的情况称为多元回归。

在线性回归中，数据使用线性预测函数来建模，并且未知的模型参数也是通过数据来估计的。这些模型被称为线性回归模型。最常用的线性回归模型是给定 x 值的条件下，y 的条件均值是 x 的仿射函数。不太一般的情况，线性回归模型可以是一个中位数或一些其他的给定 x 值的条件下，y 的条件分布的分位数作为 x 的线性函数表示。像所有形式的回归分析一样，线性回归也把焦点放在给定 x 值的条件下，y 的条件概率分布，而不是 x 和 y

的联合概率分布(多元分析领域)。

线性回归是回归分析中第一种经过严格研究并在实际应用中广泛使用的类型。这是因为线性依赖于其未知参数的模型比非线性依赖于其未知参数的模型更容易拟合,而且产生的估计的统计特性也更容易确定。

线性回归模型经常用最小二乘逼近来拟合,但它们也可能用其他方法来拟合,例如可以在桥回归中最小化最小二乘损失函数的惩罚。同时,最小二乘逼近可以用来拟合那些非线性的模型。因此,尽管最小二乘法和线性模型是紧密相连的,它们也不能划等号。

(2)KNN算法。

KNN算法是一个理论上比较成熟的方法,也是最简单的机器学习算法之一。该算法的思路是:在特征空间中,若一个样本附近的 k 个最近(即特征空间中最邻近)样本的大多数属于某一个类别,则该样本也属于这个类别。

所谓KNN算法,即给定一个训练数据集,对新的输入实例,若在训练数据集中找到与该实例最邻近的 k 个实例(也就是上面所说的 k 个邻居),这 k 个实例的多数属于某个类,就把该输入实例分类到这个类中。

KNN算法不仅可以用于分类,还可以用于回归。通过找出一个样本的 k 个最近邻居,将这些邻居的属性的平均值赋给该样本,就可以得到该样本的属性。更有用的方法是将不同距离的邻居对该样本产生的影响给予不同的权值。该算法在分类时有一个主要的不足是,当样本不平衡时,例如一个类的样本容量很大,而其他类的样本容量很小,有可能导致当输入一个新样本时,该样本的 k 个邻居中大容量类的样本占多数。该算法只计算最近的邻居样本,某一类的样本数量很大,那么或者这类样本并不接近目标样本,或者这类样本很接近目标样本。无论怎样,数量并不能影响运行结果。可以采用权值的方法(和该样本距离小的邻居权值大)来改进。

该算法的另一个不足之处是计算量较大,因为对每一个待分类的样本都要计算它到全体已知样本的距离,这样才能求得它的 k 个最近邻点。目前常用的解决方法是事先对已知样本点进行剪辑,去除对分类作用不大的样本。该算法比较适用于样本容量比较大的类域的自动分类,而那些样本容量较小的类域如果采用这种算法,则比较容易产生误分。

(3)决策树算法。

决策树算法是一种逼近离散函数值的方法。它是一种典型的分类方法,首先对数据进行处理,利用归纳算法生成可读的规则和决策树,然后使用决策对新数据进行分析。本质上,决策树是通过一系列规则对数据进行分类的过程。

决策树算法最早产生于20世纪60年代,70年代末,由罗斯·昆兰(J. Ross Quinlan)提出了ID3算法,此算法的目的在于减少树的深度,但是忽略了叶子数目的研究。C4.5算法在ID3算法的基础上进行了改进,对于预测变量的缺失值处理、剪枝技术、派生规则等方面作了较大改进,既适用于分类问题,又适用于回归问题。

决策树算法通过构造决策树来发现数据中蕴涵的分类规则,如何构造精度高、规模小的决策树是决策树算法的核心内容。决策树的构造可以分两步进行:第一步是决策树的生成,即由训练样本数据集生成决策树的过程,一般情况下,训练样本数据集是根据实际需要有历史的、有一定综合程度的,用于数据分析处理的数据集;第二步是决策树的剪枝,即对上一阶段生成的决策树进行检验、校正和修订,主要是用新的样本数据集(称为测试数据集)中的数据校验决策树生成过程中产生的初步规则,将那些影响预测准确性的分枝剪除。

(4)随机森林算法。

随机森林算法就是通过集成学习的思想将多棵树集成的一种算法,它的基本单元是决策树,而它的本质属于机器学习的一大分支——集成学习算法。从直观角度来解释,每棵决策树都是一个分类器(假设现在针对的是分类问题),那么对于一个输入样本,N棵决策树会有N个分类结果。而随机森林算法集成了所有的分类投票结果,将投票次数最多的类别指定为最终的输出,这就是一种最简单的Bagging思想。

随机森林算法非常简单,易于实现,计算开销也很小,在分类和回归中表现出非常惊人的性能,因此被誉为"代表集成学习技术水平的方法"。

随机森林算法可用于分类问题和回归问题,可以解决模型过拟合的问题,如果随机森林中的树足够多,那么分类器就不会出现过拟合,它还可以检测出特征的重要性,从而选取好的特征。

(5)SVM算法。

SVM是一类按监督学习方式对数据进行二元分类的广义线性分类器,其决策边界是对学习样本求解的最大边距超平面。

SVM使用铰链损失函数计算经验风险,并在求解系统中加入了正则化项以优化结构风险,是一个具有稀疏性和稳健性的分类器。SVM可以通过核方法进行非线性分类,是常见的核学习方法之一。

SVM是一个广义线性分类器,通过在SVM的算法框架下修改损失函数和优化问题,可以得到其他类型的线性分类器。例如,将SVM的损失函数替换为Logistic损失函数就得到了接近于逻辑回归的优化问题。SVM和逻辑回归是功能相近的分类器,二者的区别在于,逻辑回归的输出具有概率意义,也容易扩展至多分类问题,而SVM的稀疏性和稳定性使其具有良好的泛化能力并在使用核方法时计算量更小。

(6)逻辑回归算法。

逻辑回归虽然名为回归,但实际上是分类学习方法。如果在线性模型的基础上作分类,如二分类任务,即 $y \in \{0, 1\}$,那么可以将线性模型的输出值再套上一个函数 $y = g(z)$,最简单的就是单位阶跃函数,也就是大于 z 的判定为类别0,小于 z 的判定为类别1。但是,这样的分段函数的数学性质不太好,它既不连续也不可微。因此,使用对数几率函数,它是一种sigmoid函数,sigmoid函数这个名词是表示S型的函数,对数几率函数就是其中最重要的代表。这个函数相比前面的分段函数,具有非常好的数学性质,其优势如下:使用该函数解决分类问题时,不仅可以预测出类别,还能够得到近似概率预测。这一点对很多需要利用概率辅助决策的任务来说很有用。对数几率函数是任意阶可导函数,它有着很好的数学性质,很多数值优化算法都可以直接用于求取最优解。

2. 案例使用的平台、语言及库函数

平台:PyCharm。

语言:Python。

库函数:sklearn、pandas、numpy、matplotlib、seaborn、LogisticRegression。

12.1.2 案例设计方案

本小节主要对心脏病分析及预测的步骤及其创新点进行介绍。

1. 案例描述

本案例基于网络上的 UCI Heart Disease Dataset.csv 数据集，使用相应的算法模型，分析预测各个特征值对患心脏病的影响。

2. 案例创新点

热力图又称相关系数图，根据热力图中不同方块颜色对应的相关系数的大小，可以判断出变量之间相关性的大小。该相关系数只能度量出变量之间的线性相关关系。也就是说，相关系数越大，变量之间的线性相关程度越高。对于相关系数小的两个变量，只能说明变量间的线性相关程度弱，但不能说明变量之间不存在其他相关关系，如曲线关系等。

ROC 曲线和 PR 曲线的合并图。ROC 曲线实际上是通过不断移动分类器的截断点来生成曲线上的关键点的。首先要对样本的预测概率从高到低进行排列，在输出最终的正例、反例之前，需要指定一个阈值，预测概率大于该阈值的样本会被判为正例，小于该阈值的样本会被判为反例。PR 曲线的存在是为了进行精准率和召回率的衡量，在 PR 曲线中，横轴是召回率，纵轴是精准率。对于一个排序模型来说，其 PR 曲线上的一个点代表着，在某一阈值下，模型将大于该阈值的结果判为正例，小于该阈值的结果判为反例，此时返回结果对应的召回率和精准率，整条 PR 曲线是通过将阈值从高到低移动而生成的。

箱线图又称盒须图、盒式图或箱形图，是一种用来显示一组数据分散情况的统计图。箱线图是一种强大的数据可视化工具，用于了解数据的分布。它将数据分成四分位数，并根据由这些四分位数得出的 5 个数字对其进行汇总，可以直观地识别数据批中的异常值、判断数据批的偏态和尾重、比较几批数据的形状。

12.1.3 案例实现

1. 案例数据样例或数据集

心脏病数据的来源为 http://archive.ics.uci.edu/ml/datasets/Heart+Disease。

数据集为读入 UCI Heart Disease Dataset.csv 文件。该文件为一个包含 297 行数据的表格，每行数据有 14 个字段，分别是年龄、性别、胸部疼痛类型、静息血压、胆固醇、空腹血糖、静息心电图测量、最高心跳率、运动诱发心绞痛、运动相对于休息引起的 ST 抑制、运动 ST 段的峰值斜率、主要血管数目、一种叫作地中海贫血的血液疾病、是否患病。心脏病数据集截图如图 12-1 所示。

```
age - 年龄
sex - (1 = male(男性); 0 = (女性))
cp - chest pain type(胸部疼痛类型)
  (1：典型的心绞痛-typical, 2：非典型心绞痛-atypical, 3：没有心绞痛-non-anginal, 4：无症状-asymptomatic)
trestbps - 静息血压 (in mm Hg on admission to the hospital)
chol - 胆固醇 in mg/dl
fbs - (空腹血糖 > 120 mg/dl) (1 = true; 0 = false)
restecg - 静息心电图测量 (0：普通, 1：ST-T波异常, 2：可能左心室肥大)
thalach - 最高心跳率
exang - 运动诱发心绞痛 (1 = yes; 0 = no)
oldpeak - 运动相对于休息引起的ST抑制
slope - 运动ST段的峰值斜率 (1：上坡-upsloping, 2：平的-flat, 3：下坡-downsloping)
ca - 主要血管数目(0-4)
thal - 一种叫做地中海贫血的血液疾病 (3 = normal; 6 = 固定的缺陷-fixed defect; 7 = 可逆的缺陷-reversable defect)
target - 是否患病 (1=yes, 0=no)'''
```

图 12-1　心脏病数据集截图

2. 案例代码

本案例的代码如下：

```python
#导入库函数
import pandas as pd
import numpy as np
from matplotlib. cm import rainbow #配置颜色
import seaborn as sns
import matplotlib as mpl
import matplotlib. pyplot as plt
from sklearn. metrics import classification_report
from sklearn. model_selection import train_test_split
from sklearn. ensemble import RandomForestClassifier   #随机森林分类模型
from sklearn. linear_model import LinearRegression   #导入线性回归模型
from sklearn. svm import SVC
from sklearn. tree import DecisionTreeClassifier   #决策树分类模型
from sklearn. metrics import accuracy_score
import matplotlib. pyplot as plt
from sklearn. linear_model import LogisticRegression
from sklearn. metrics import roc_curve,auc
mpl. rcParams["axes. unicode_minus"]=False #用来正常显示负号
mpl. rcParams["font. sans-serif"]=["SimHei"] #指定字体为 SimHei, 用于显示中文, 如果为 Ariel, 中文会乱码
#读取数据, 设置 12 个属性
#name=['age','sex','cp','trestbps','chol','fbs','restecg','thalach','exang','oldpeak','slope','ca','thal','target']
#读取数据, 为各列增加属性
data=pd. read_csv(' UCI Heart Disease Dataset. csv' )
print(data) #打印数据
data=data. replace(' ? ',np. NaN)
'''
replace 是 pandas 库中的一个函数, 用于将数据中的某个值替换为另一个值。
data. replace(' ? ',np. NaN)的作用是将数据中的问号(?)替换为 NaN(缺失值)。
这样做的目的是方便后续的数据处理和分析
'''
#查看各字段缺失值统计情况
print(data. isna(). sum())
'''
data. isna 函数返回一个布尔型的 DataFrame, 其中缺失值为 True, 非缺失值为 False
sum 函数对每一列进行求和, 返回每个字段中缺失值的数量并打印
'''
#统计描述
print(data. describe())
'''
```

print(data. describe())的作用是输出数据集 data 的统计描述信息，包括计数、均值、标准差、最小值、25% 分位数、50% 分位数、75% 分位数和最大值

这些信息可以帮助我们了解数据的分布情况和异常值情况，为后续的数据分析和建模提供参考
'''

```
def Q(x,name): #x 为数组，name 为字符串
    print("{}的平均数是:{}". format(name,x. mean()))
    print("{}的中位数是:{}". format(name,np. median(x)))
    print("{}的众数是:{}". format(name,np. argmax(np. bincount(x))))
    return
#计算年龄的平均值、中位数和众数
age=data. iloc[:,0:1]    #切片，截取第一列的数据
age=np. array(age. values. T[0],dtype=' int' )    #转为数组
'''
```

这行代码的作用是将 DataFrame 中的年龄列转换为整数类型的 numpy 数组

具体来说，它首先使用 . values 将 DataFrame 转换为 numpy 数组

然后使用 . T[0]获取第一列的转置，最后使用 np. array 将其转换为 numpy 数组
'''

```
print(age)
Q(age,' age' )
#性别分析
#统计不同性别的样本数和患病数
gender_count=data. groupby(' sex' ). size()
gender_disease_count=data. groupby([' sex' ,' target' ]). size()
#绘制性别分布图
plt. figure(figsize=(6,6))
plt. pie(gender_count. values,labels=gender_count. index,autopct=' % 1. 1f% %' )
plt. title(' Gender Distribution' )
plt. show()
#绘制性别及疾病分布图
plt. figure(figsize=(8,6))
plt. bar([' Female - No Disease' ,' Female - Disease' ,' Male - No Disease' ,' Male - Disease' ],gender_dis-
ease_count. values)
plt. title(' Gender and Disease Distribution' )
plt. show()
#获取胆固醇数据
chol=data[' chol' ]    #截取第一列的数据
chol0=np. array(chol. values. T,dtype=' int' )    #转为数组
print("chol0:",chol0)
'''
```

它使用 data[' chol']获取胆固醇数据列，

然后使用 np. array 将其转换为 numpy 数组，并将其打印出来
'''

```
#获取不正常胆固醇人员的年龄数据，以 200 分开
age1=data. loc[data[' chol' ] > 200]
```

```
age1 = age1. iloc[:,0]
#作年龄的直方图
plt. hist(age1,bins=10,edgecolor=' black' ,density=True)
plt. title(' 不正常胆固醇人员年龄数据' )   #折线图标题
plt. show()
'''
plt. hist 函数用于绘制直方图,
age1 是不正常胆固醇人员的年龄数据, bins=10 表示将数据分成 10 个区间,
edgecolor='black' 表示直方图的边缘颜色为黑色, density=True 表示将直方图的纵轴改为密度
'''
#获取正常胆固醇人员的年龄数据并输出直方图
age2 = data. loc[data[' chol' ] < 200]
age2 = age2. iloc[:,0]
#作年龄的直方图
plt. hist(age2,bins=10,edgecolor=' black' ,density=True)
plt. title(' 正常胆固醇人员年龄数据' )   #折线图标题
plt. show()
age1_25 = np. percentile(age1. values,25,interpolation=' linear' )
age1_75 = np. percentile(age1. values,75,interpolation=' linear' )
print(' 胆固醇不合格的人,年龄大多集中在:' ,age1_25,' ~' ,age1_75,' 之间' )
age2_25 = np. percentile(age2. values,25,interpolation=' linear' )
age2_75 = np. percentile(age2. values,75,interpolation=' linear' )
print(' 胆固醇合格的人,年龄大多集中在:' ,age2_25,' ~' ,age2_75,' 之间' )
#求心脏病患者胆固醇的极差和四分位极差
tarChol = data. loc[data[' target' ]==1][' chol' ]
JC = max(tarChol) - min(tarChol)   #极差
print("max:{},min:{}". format(max(tarChol),min(tarChol)))
SFW = np. percentile(tarChol,75,interpolation=' linear' ) - np. percentile(tarChol,25,interpolation=' linear' )
#Q3- Q1
print("极差是",JC)
print("四分位极差是",SFW)
#绘制箱线图
print(tarChol. describe())
tarChol. plot. box(title="箱线图")
plt. grid(linestyle="- - ")
plt. show()
#分析心脏病患者的胆固醇是否满足正态分布,判断一个数据是否符合正态分布,这里我们用 SW
检验, SW 检验中的 S 就是偏度, W 就是峰度
#先转为 Series 类数据
s = pd. Series(tarChol)
print(s)
print(' 偏度:' ,s. skew())   #直接用 pd 进行偏度计算
print(' 峰度:' ,s. kurt())   #直接用 pd 进行峰度计算
#用相关系数或卡方计算 12 个属性和得心脏病的相关性,分析哪些因素对确诊心脏病的作用大
```

```
print(data. corr()[' target' ])
#使用热力图可视化数据集多个变量之间的相关性
def heatmap(dataset,col):
    corr_data=dataset[col]
    corr=corr_data. corr()  #计算相关度矩阵
    cor_plot=sns. heatmap(corr,annot=True,cmap=' RdYlGn' ,linewidths=0. 2)
    plt. xticks(fontsize=12,rotation=-30) #x 轴的字体和旋转角度
    plt. yticks(fontsize=12) #y 轴的字体和旋转角度
    plt. title(' 相关度矩阵')   #标题
    plt. show()
plt. figure(figsize=(11,8))
heatmap(data,[' age' ,' sex' ,' cp' ,' trestbps' ,' chol' ,' fbs' ,' restecg' ,' thalach' ,' exang' ,' oldpeak' ,' slope' ,' ca' ,
' thal' ,' target' ] )
#线性回归模型
a1=LinearRegression()  #调用模型
a2=data[["age"]]
a3=data[["chol"]]
a2=np. array(a2)
a3=np. array(a3)
a1. fit(a2,a3)
a4=a1. predict(a2)   #线性回归
#打印出图
plt. scatter(a2,a3)
plt. title(' 年龄与胆固醇之间的关系')  #折线图标题
plt. xlabel(' 年龄')  #x 轴标题
plt. ylabel(' 胆固醇')  #y 轴标题
plt. plot(a2,a4,c=' r' )
plt. show()
#将胆固醇水平分为高和低两个类别
x=data. drop([' target' ],axis=1)
'''
这段代码的作用是将数据集中除 target 列以外的所有列作为特征,存储在变量 x 中
具体来说,使用了 pandas 库中的 drop 函数,将 target 列从数据集中删除,然后将剩余的所有列作
为特征存储在 x 中
'''
y=data[' target' ]
'''
代码中的 y=data[' target' ] 是将数据集中的 target 列赋值给变量 y,即将 target 列作为标签列
在机器学习中,我们通常需要将数据集分为特征列和标签列,特征列用于训练模型,标签列用于
评估模型的准确性
'''
x_train,x_test,y_train,y_test=train_test_split(x,y,test_size=0. 40,random_state=20)
print("Training features have {0} records and Testing features have {1} records. ". \
    format(x_train. shape[0],x_test. shape[0]))
```

```python
from sklearn. neighbors import KNeighborsClassifier
from sklearn. model_selection import cross_val_score
from sklearn. metrics import precision_score,recall_score,f1_score
from sklearn. metrics import precision_recall_curve,roc_curve,average_precision_score,auc
#定义函数
def plotting(estimator,y_test):
    fig,axes=plt. subplots(1,2,figsize=(10,5))
    y_predict_proba=estimator. predict_proba(x_test)    #返回的是一个 n 行 k 列的数组
    precisions,recalls,thretholds=precision_recall_curve(y_test,y_predict_proba[:,1])
    axes[0]. plot(precisions,recalls)   #绘制 PR 曲线
    axes[0]. set_title("平均精准率:%. 2f"% average_precision_score(y_test,y_predict_proba[:,1]))
    axes[0]. set_xlabel("召回率")
    axes[0]. set_ylabel("精准率")
    fpr,tpr,thretholds=roc_curve(y_test,y_predict_proba[:,1])
    axes[1]. plot(fpr,tpr)   #绘制 ROC 曲线
    axes[1]. set_title("AUC 值:%. 2f"% auc(fpr,tpr))
    axes[1]. set_xlabel("FPR")
    axes[1]. set_ylabel("TPR")
#1. KNN
knn=KNeighborsClassifier(n_neighbors=13)   #最近的 5 个点
knn. fit(x_train,y_train)  #训练模型
y_pred_knn=knn. predict(x_test)   #预测数据
#计算准确率
score_knn=round(accuracy_score(y_pred_knn,y_test),2)
print("KNN 准确率为:\n",score_knn)
#score_knn=round(accuracy_score(y_predict_knn,y_test),2)
#print("准确率:",scores. mean())  #输出其平均值
#knn. fit(x_train,y_train)
#y_predict_knn=knn. predict(x_test)
report4=classification_report(y_test,y_pred_knn,labels=[0,1],target_names=[' Not sick' ,' sick' ])
print(report4)
  #2. 逻辑回归
log_reg=LogisticRegression()
#训练模型
log_reg . fit(x_train,y_train)
#预测数据
y_pred_log=log_reg. predict(x_test)
#评估模型
log_reg. score(x_train,y_train)
log_reg. score(x_test,y_test)
#导入评价指标，分类准确率
score_log=round(accuracy_score(y_pred_log,y_test),2)
```

```
print("逻辑回归分类准确率为:\n",score_log)
report1=classification_report(y_test,y_pred_log,labels=[0,1],target_names=[' Not sick' ,' sick' ])
print(report1)
#3. 决策树
dtr=DecisionTreeClassifier()   #创建模型
dtr. fit(x_train,y_train)   #训练模型
y_pred_dtr=dtr. predict(x_test)   #预测
score_dtr=round(accuracy_score(y_pred_dtr,y_test),2)
print("决策树分类准确率为:\n",score_dtr)
report2=classification_report(y_test,y_pred_dtr,labels=[0,1],target_names=[' Not sick' ,' sick' ])
print(report2)
#4. 随机森林
'''
```

通过组合多个决策树来提高预测准确性。在这里，n_estimators=200 表示使用 200 棵决策树来构建随机森林分类器

```
'''
rfc=RandomForestClassifier(n_estimators=200)
rfc. fit(x_train,y_train)
'''
```

rfc. fit(x_train,y_train)是在训练随机森林分类器模型。这个模型可以用来对心脏病数据集进行分类

```
'''
y_pred_rfc=rfc. predict(x_test)
'''
```

y_pred=rfc. predict(x_test) 的作用是使用随机森林模型对测试集进行预测，其中 y_pred 是预测结果

```
'''
#计算准确率
score_rfc=round(accuracy_score(y_pred_rfc,y_test),2)
'''
```

这行代码的作用是计算随机森林分类器在测试集上的准确率，并将结果存储在变量 score_rfc 中

```
'''
print("随机森林分类准确率为:\n",score_rfc)
#查看精准率、召回率、F1- Score
report3=classification_report(y_test,y_pred_rfc,labels=[0,1],target_names=[' Not sick' ,' sick' ])
print(report3)
#画出逻辑回归 ROC 曲线
fpr,tpr,thresholds=roc_curve(y_test,y_pred_log)
roc_auc=auc(fpr,tpr)
print(' log_auc' ,roc_auc)#逻辑回归的 AUC
plt. plot(fpr,tpr,color=' darkorange' ,lw=2,label=' ROC curve (area=% 0. 2f)'  %  roc_auc)
#plt. plot([0,1],[0,1],color=' navy' ,lw=2,linestyle=' - - ')
plt. xlim([0. 0,1. 0])
plt. ylim([0. 0,1. 0])
```

```
plt. xlabel(' False Positive Rate' )
plt. ylabel(' True Positive Rate' )
plt. title(' log_ROC Curve' )
plt. legend(loc = "lower right")
plotting(log_reg,y_test)
plt. show()
#计算决策树分类器的 ROC 曲线
y_pred_dtr = rfc. predict_proba(x_test)[:,1]
#Calculate false positive rate,true positive rate,and threshold values
fpr,tpr,thresholds = roc_curve(y_test,y_pred_dtr)
#决策树 AUC
roc_auc = auc(fpr,tpr)
print(' tree_auc' ,roc_auc)
#Plot ROC curve
plt. plot(fpr,tpr)
plt. xlabel(' False Positive Rate' )
plt. ylabel(' True Positive Rate' )
plt. title(' dtr_ROC Curve' )
plotting(dtr,y_test)
plt. show()
#计算随机森林分类器的 ROC 曲线
fpr,tpr,thresholds = roc_curve(y_test,y_pred_rfc)
roc_auc = auc(fpr,tpr)
print(' Random_auc' ,roc_auc)
#绘制 ROC 曲线
plt. plot(fpr,tpr)
plt. title(' RF_ROC Curve' )
plt. xlabel(' False Positive Rate' )
plt. ylabel(' True Positive Rate' )
plotting(rfc,y_test)
plt. show()
#计算 KNN 分类器的 ROC 曲线
fpr,tpr,thresholds = roc_curve(y_test,y_pred_knn)
roc_auc = auc(fpr,tpr)
print(' knn_auc' ,roc_auc)
#绘制 ROC 曲线
plt. plot(fpr,tpr)
plt. title(' knn_ROC Curve' )
plt. xlabel(' False Positive Rate' )
plt. ylabel(' True Positive Rate' )
plotting(knn,y_test)
plt. show()
#绘制 PR 曲线合起来
```

```python
from sklearn. metrics import precision_recall_curve
import matplotlib. pyplot as plt
#计算逻辑回归的精准率和召回率
precision_log,recall_log,_ =precision_recall_curve(y_test,y_pred_log)
#计算决策树的精准率和召回率
precision_dtr,recall_dtr,_ =precision_recall_curve(y_test,y_pred_dtr)
#计算随机森林的精准率和召回率
precision_rfc,recall_rfc,_ =precision_recall_curve(y_test,y_pred_rfc)
#计算随 KNN 的精准率和召回率
precision_knn,recall_knn,_ =precision_recall_curve(y_test,y_pred_knn)
#绘制精准率-召回率曲线
plt. plot(recall_log,precision_log,label=' Logistic Regression' )
plt. plot(recall_dtr,precision_dtr,label=' Decision Tree' )364.
plt. plot(recall_rfc,precision_rfc,label=' Random Forest' )
plt. plot(recall_knn,precision_knn,label=' knn' )
#绘制 y=x 的曲线
plt. plot([0,1],[0,1],color=' navy' ,lw=2,linestyle=' --' )
#添加图例和标签
plt. xlabel(' Recall' )
plt. ylabel(' Precision' )
plt. title(' Precision- Recall Curve' )
plt. legend()
#绘制 ROC 曲线合起来
#显示图形
plt. show()
#计算逻辑回归的 ROC 曲线
fpr_log,tpr_log,_ =roc_curve(y_test,y_pred_log)
#计算决策树的 ROC 曲线
fpr_dtr,tpr_dtr,_ =roc_curve(y_test,y_pred_dtr)
#计算随机森林的 ROC 曲线
fpr_rfc,tpr_rfc,_ =roc_curve(y_test,y_pred_rfc)
#计算 KNN 的 ROC 曲线
fpr_knn,tpr_knn,_ =roc_curve(y_test,y_pred_knn)
#绘制 ROC 曲线
plt. plot(fpr_log,tpr_log,label=' Logistic Regression' )
plt. plot(fpr_dtr,tpr_dtr,label=' Decision Tree' )
plt. plot(fpr_rfc,tpr_rfc,label=' Random Forest' )
plt. plot(fpr_knn,tpr_knn,label=' KNN' )
#绘制 y=x 的曲线
plt. plot([0,1],[0,1],color=' navy' ,lw=2,linestyle=' --' )
#计算 y=x 曲线与逻辑回归的 ROC 曲线的交点
idx_log=np. argwhere(np. diff(np. sign(tpr_log - fpr_log))). flatten()
plt. plot(fpr_log[idx_log],tpr_log[idx_log],' ro' ,label=' Intersection with Log Reg' )
#计算 y=x 曲线与决策树的 ROC 曲线的交点
```

```
idx_dtr=np. argwhere(np. diff(np. sign(tpr_dtr - fpr_dtr))). flatten()
plt. plot(fpr_dtr[idx_dtr],tpr_dtr[idx_dtr],' go' ,label=' Intersection with Dec Tree' )
#计算 y=x 曲线与随机森林的 ROC 曲线的交点
idx_rfc=np. argwhere(np. diff(np. sign(tpr_rfc - fpr_rfc))). flatten()
plt. plot(fpr_rfc[idx_rfc],tpr_rfc[idx_rfc],' bo' ,label=' Intersection with Rand Forest' )
#计算 y=x 曲线与 KNN 的 ROC 曲线的交点
idx_knn=np. argwhere(np. diff(np. sign(fpr_knn - tpr_knn))). flatten()
plt. plot(fpr_rfc[idx_knn],tpr_rfc[idx_knn],' co' ,label=' Intersection with knn' )
#添加图例和标签
plt. xlabel(' False Positive Rate' )
plt. ylabel(' True Positive Rate' )
plt. title(' ROC Curve' )
plt. legend()
#显示图形
plt. show()
#SVM
svc_scores=[]
#线性核函数，多项式核函数，sigmoid 核函数
kernels=[' linear' ,' poly' ,' sigmoid' ]
for i in range(len(kernels)):   #循环遍历 3 个不同的核函数
    svc_classifier=SVC(kernel=kernels[i])
    svc_classifier. fit(x_train,y_train)
    svc_scores. append(svc_classifier. score(x_test,y_test))
svc_scores
colors=rainbow(np. linspace(0,1,len(kernels))) #色彩
plt. bar(kernels,svc_scores,color=colors)
for i in range(len(kernels)):
    plt. text(i,svc_scores[i],svc_scores[i])
plt. xlabel(' 核函数' )
plt. ylabel(' 得分' )
plt. title(' 支持向量机不同核函数得分' )
plt. show()
```

3. 案例结果

上述代码的运行结果如图 12-2~图 12-19 所示。

	age	sex	cp	...	ca	thal	target
count	297.000000	297.000000	297.000000	...	297.000000	297.000000	297.000000
mean	54.542088	0.676768	3.158249	...	0.676768	0.835017	0.461279
std	9.049736	0.468500	0.964859	...	0.938965	0.956690	0.499340
min	29.000000	0.000000	1.000000	...	0.000000	0.000000	0.000000
25%	48.000000	0.000000	3.000000	...	0.000000	0.000000	0.000000
50%	56.000000	1.000000	3.000000	...	0.000000	0.000000	0.000000
75%	61.000000	1.000000	4.000000	...	1.000000	2.000000	1.000000
max	77.000000	1.000000	4.000000	...	3.000000	2.000000	1.000000

图 12-2　各类属性数据的情况

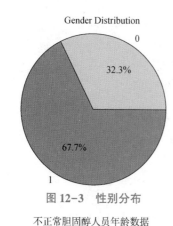

Gender Distribution

图 12-3 性别分布

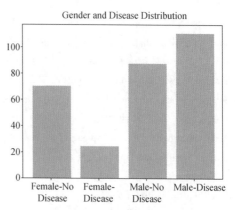

图 12-4 性别及疾病分布

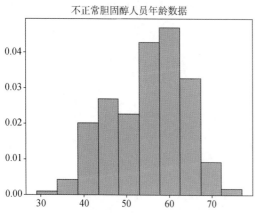

图 12-5 不正常胆固醇人员年龄分布

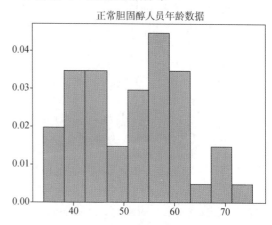

图 12-6 正常胆固醇人员年龄分布

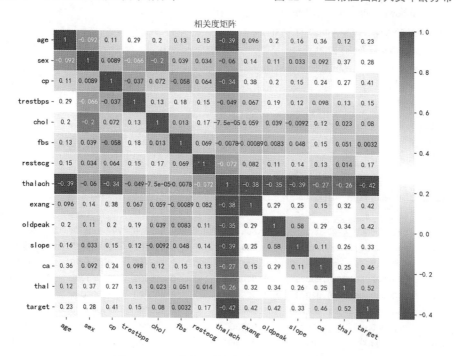

图 12-7 心脏病预测数据各属性相关度矩阵

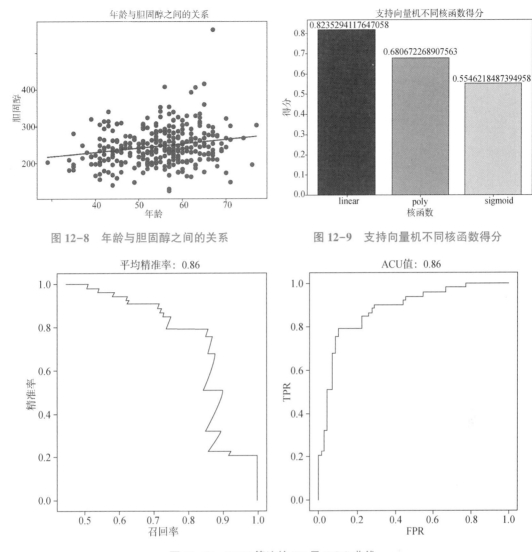

图 12-8 年龄与胆固醇之间的关系   图 12-9 支持向量机不同核函数得分

图 12-10 KNN 算法的 PR 及 ROC 曲线

KNN准确率为：

0.61

```
              precision    recall   f1-score    support

   Not sick       0.68       0.58       0.62         66
       sick       0.56       0.66       0.60         53

   accuracy                             0.61        119
  macro avg       0.62       0.62       0.61        119
weighted avg       0.62       0.61       0.61        119
```

图 12-11 KNN 算法结果

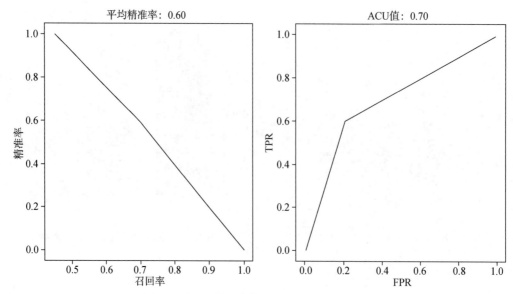

图 12-12　逻辑回归算法的 PR 及 ROC 曲线

逻辑回归分类准确率为：

```
0.84
                precision    recall  f1-score   support

    Not sick         0.84      0.88      0.86        66
        sick         0.84      0.79      0.82        53

    accuracy                             0.84       119
   macro avg         0.84      0.84      0.84       119
weighted avg         0.84      0.84      0.84       119
```

图 12-13　逻辑回归算法结果

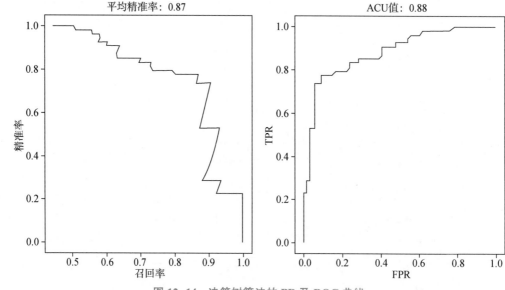

图 12-14　决策树算法的 PR 及 ROC 曲线

决策树分类准确率为：

0.71

	precision	recall	f1-score	support
Not sick	0.72	0.77	0.74	66
sick	0.69	0.62	0.65	53
accuracy			0.71	119
macro avg	0.70	0.70	0.70	119
weighted avg	0.70	0.71	0.70	119

图 12-15　决策树算法结果

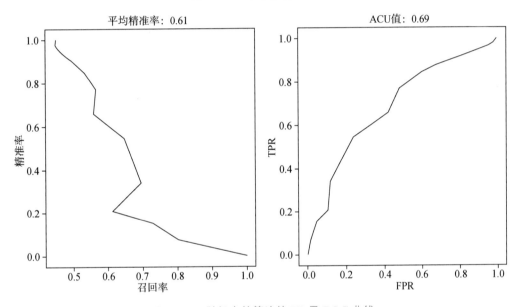

图 12-16　随机森林算法的 PR 及 ROC 曲线

随机森林分类准确率为：

0.82

	precision	recall	f1-score	support
Not sick	0.83	0.86	0.84	66
sick	0.82	0.77	0.80	53
accuracy			0.82	119
macro avg	0.82	0.82	0.82	119
weighted avg	0.82	0.82	0.82	119

图 12-17　随机森林算法结果

读者可以扫描二维码看下图的彩色效果。

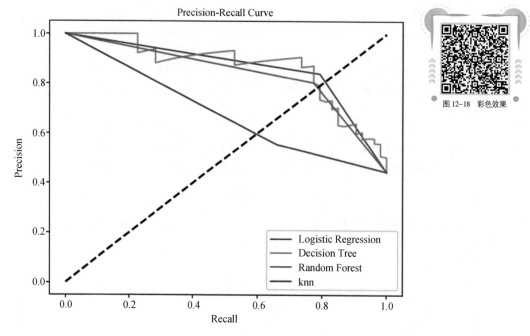

图 12-18 彩色效果

图 12-18 不同算法 PR 曲线的对比

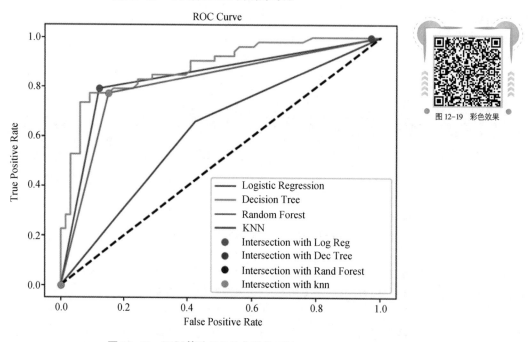

图 12-19 彩色效果

图 12-19 不同算法 ROC 曲线的对比

通过上述代码的输出结果可以发现，男性患心脏病的风险比女性高；胆固醇不合格的人年龄大多集中在 48~61 岁，胆固醇合格的人年龄大多集中在 43~59 岁；心脏病多发于中老年人群；随着年龄的增长，患病率逐渐升高。

12.2 乳腺癌分析及预测 ▶▶▶

下面对乳腺癌分析及预测案例的基本信息、设计方案及代码进行介绍。

12.2.1 案例基本信息

本小节对乳腺癌分析并进行病情预测。

1. 案例涉及的基本理论知识点

(1)SVM算法。

SVM是一种二分类模型，它的基本模型是定义在特征空间上的、间隔最大的线性分类器，间隔最大使它有别于感知机；SVM还包括核技巧，这使它成为实质上的非线性分类器。SVM的学习策略就是间隔最大化，可形式化为一个求解凸二次规划的问题，也等价于正则化的合页损失函数的最小化问题。SVM的学习算法就是求解凸二次规划的最优化算法。

(2)KNN算法。

KNN算法是数据挖掘分类技术中最简单的算法之一，是著名的模式识别统计学方法，在机器学习分类算法中占有相当重要的地位。它是一个理论上比较成熟的算法，既是最简单的机器学习算法之一，也是基于实例的学习方法中最基本的、又是最好的文本分类算法之一。

(3)逻辑回归算法。

逻辑回归在线性回归模型的基础上，使用sigmoid函数，将线性模型的结果压缩到[0，1]区间，使其拥有概率意义，它可以将任意输入映射到[0，1]区间，实现值到概率的转换，属于概率性判别式模型，其利用了线性分类算法。

2. 案例使用的平台、语言及库函数

平台：PyCharm。

语言：Python。

库函数：sklearn、pandas、seaborn、matplotlib、numpy。

12.2.2 案例设计方案

本小节主要对乳腺癌分析及预测的步骤及其创新点进行介绍。

1. 案例描述

本案例基于SVM的核函数实现对乳腺癌数据的二分类，对线性核函数、多项式核函数、高斯核函数、sigmoid核函数的精确度进行比较并选择最适合的核函数。SVM算法模型的图像如图12-20所示。

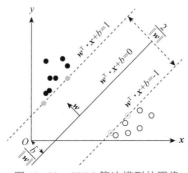

图12-20 SVM算法模型的图像

模型建立完毕后，修改核函数的参数并找到最合适的核函数作为 SVM 的内核算法，然后对数据集进行预处理，通过参数的最优值图像（如图 12-21 所示）可视化，可以看出核函数算法的最优参数和精确度比较。

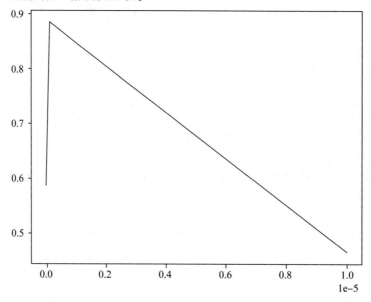

图 12-21　sigmoid 核函数中 gammalist 最优值图像

预处理完成后，通过逻辑回归算法实现对乳腺癌数据集的二分类。本案例中逻辑回归模型的目标函数选择的是对数极大似然估计法，通过找到最大化模型产生真实数据的那一组参数定参数值的方法。逻辑回归模型的思维导图如图 12-22 所示。

本案例中为了实现根据所有输入预测出类别，引入了 sigmoid 函数将线性模型的结果压缩到[0，1]区间上，使其拥有概率意义，它可以将任意输入映射到[0，1]区间上，实现值到概率的转换。

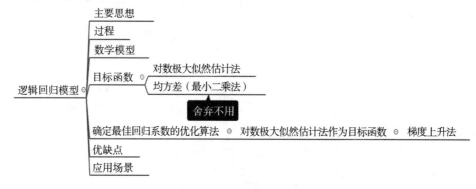

图 12-22　逻辑回归模型的思维导图

2. 案例创新点

本案例中，在乳腺癌数据集的预处理（包括去重、替换、缺失值填充和异常值处理）、特征选择（剔除相关性较低的特征，从而达到减少特征个数、提高模型精确度、减少运行时间的目的，乳腺癌数据集的特征值较多，需要对特征值进行筛选）和特征相关性的可视化方面取得了很大的成功。乳腺癌数据集特征决策树如图 12-23 所示。乳腺癌数据集特征相关性热力图、直方图如图 12-24、图 12-25 所示。

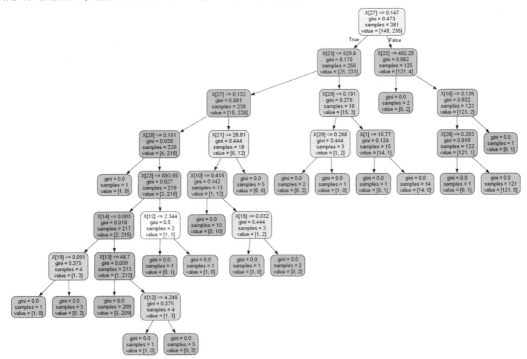

图 12-23　乳腺癌数据集特征决策树

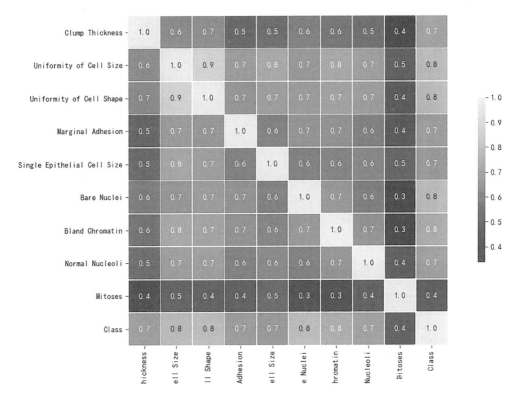

图 12-24　乳腺癌数据集特征相关性热力图

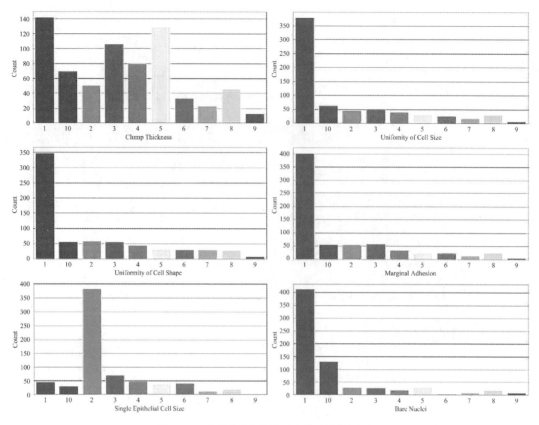

图 12-25　乳腺癌数据集特征相关性的直方图

通过乳腺癌数据集特征相关性的可视化图像，可以清楚地看出不同特征值对算法精确度的影响，理解 SVM 的内核算法的参数，也可直观地预计算法的合理性和准确性。

12.2.3　案例实现

1. 案例数据样例或数据集

乳腺癌数据集来源为 https://archive.ics.uci.edu/ml/datasets/Breast+cancer+Wisconsin+（Diagnostic）。

该数据集共 569 条数据，32 列，其中有 30 列表示特征，剩余 2 列表示 Id 和 Diagnostic，主要针对的是细胞核特征。该特征是连续型特征，每个数据的标签是诊断的结果，分为良性和恶性，共有 357 个良性，212 个恶性。预估的特征重要性顺序为面积平均值>周长平均值=半径平均值>凹度平均值>凹点平均值。乳腺癌数据集部分特征如表 12-1 所示。

表 12-1　乳腺癌数据集部分特征

特征	解释
radius_mean	半径，即细胞核从中心到周边点的距离；平均值
texture_mean	纹理（灰度值的标准偏差）；平均值
perimeter_mean	细胞核周长；平均值

续表

特征	解释
area_mean	细胞核面积；平均值
smoothness_mean	平滑度(半径长度的局部变化)；平均值
compactness_mean	紧凑度(周长×周长/面积−1.0)；平均值
concavity_mean	凹度(轮廓凹部的严重程度)；平均值
concave points_mean	凹点(轮廓凹部的数量)；平均值
symmetry_mean	对称性；平均值
fractal_dimension_mean	(分形维数−1)；平均值
radius_se	半径，即细胞核从中心到周边点的距离；标准差
texture_ss	纹理(灰度值的标准偏差)；标准差
perimeter_se	细胞核周长；标准差
area_se	细胞核面积；标准差

2. 案例代码

首先下载乳腺癌数据集，并获取特征值和标签；接下来打印输出数据集的形状、特征名称和分类名称；然后将数据集划分为训练集和测试集，并输出它们的特征值和目标值，并使用散点图展示数据集的分布情况，通过4种不同核函数的建模训练，并计算训练集和测试集上的得分；最后输出各个模型在训练集和测试集上的得分，并画出预测曲线。对乳腺癌数据集进行分类预测案例的代码如下：

```python
from sklearn.datasets import load_breast_cancer
from sklearn.svm import SVC
from sklearn.model_selection import train_test_split
import matplotlib.pyplot as plt
import numpy as np #导入所需要的包
cancers=load_breast_cancer() #下载乳腺癌数据集
X=cancers.data   #获取特征值
Y=cancers.target   #获取标签
print("数据集,特征",X.shape)   #查看特征形状
print(Y.shape)   #查看标签形状
#print(X)   #输出特征值
#print(Y)   #输出目标值
#print(cancers.DESCR)   #查看数据集描述
print(' 特征名称')#输出特征名称
print(cancers.feature_names)   #特征名称
print(' 分类名称')#输出分类名称
print(cancers.target_names)   #标签类别名
```

```
#注意返回值: 训练集 train、x_train、y_train, 测试集 test, x_test, y_test
#x_train 为训练集的特征值, y_train 为训练集的目标值, x_test 为测试集的特征值, y_test 为测试集的目标值
#注意接收参数的顺序固定
x_train,x_test,y_train,y_test=train_test_split(X,Y,test_size=0.2)
#训练集占 80%, 测试集占 20%
print('训练集的特征值和目标值:',x_train,y_train)
#输出训练集的特征值和目标值
print('测试集的特征值和目标值:',x_test,y_test)
#输出测试集的特征值和目标值
print(cancers.keys())
np.unique(Y)    #查看 label 都有哪些分类。去除其中重复的元素, 按元素由小到大返回一个新的无元素重复的元组或列表
plt.scatter(X[:,0],X[:,1],c=Y)
#x、y 轴散点图分布, c 表示散点颜色, 默认为蓝色
plt.show()
#显示图像
#下面是 4 种核函数的建模训练
#线性核函数
model_linear=SVC(C=1.0,kernel='linear')
#C 为惩罚系数, 过大或过小都会使模型泛化能力变差
#多项式核函数
model_poly=SVC(C=1.0,kernel='poly',degree=3)
#degree 表示使用的多项式的阶数
#高斯核函数
model_rbf=SVC(C=1.0,kernel='rbf',gamma=0.1)
#gamma(范围)是核函数的一个参数, gamma 的值过大或过小都会影响测试精度
#sigmoid 核函数
gammalist=[]    #把 gammalist 定义为一个数组
score_test=[]    #把 score_test 定义为一个数组
gamma_dis=np.logspace(-100,-5,50)
#gamma_dis 从 10~100 到 10~5 平均取 50 个点
for j in gamma_dis:
model_sigmoid=SVC(kernel='sigmoid',gamma=j,cache_size=5000).fit(x_train,y_train)
gammalist.append(j)
score_test.append(model_sigmoid.score(x_test,y_test))
#找出最优 gammalist 值
print("分数--------------------",score_test)
print("测试最大分数, gammalist",max(score_test),gamma_dis[score_test.index(max(score_test))])
plt.plot(gammalist,score_test) #横轴为 gammalist, 纵轴为 score_test
```

```
plt. show()  #显示图片
#线性核函数
model_linear. fit(x_train,y_train)
train_score=model_linear. score(x_train,y_train)
test_score=model_linear. score(x_test,y_test)
print(' train_score:{0}; test_score:{1}' . format(train_score,test_score))
model_poly. fit(x_train,y_train)
train_score=model_poly. score(x_train,y_train)
test_score=model_poly. score(x_test,y_test)
print(' train_score:{0}; test_score:{1}' . format(train_score,test_score))
model_rbf. fit(x_train,y_train)
train_score=model_rbf. score(x_train,y_train)
test_score=model_rbf. score(x_test,y_test)
print(' train_score:{0}; test_score:{1}' . format(train_score,test_score))
model_sigmoid. fit(x_train,y_train)
train_score=model_sigmoid. score(x_train,y_train)
test_score=model_sigmoid. score(x_test,y_test)
print(' train_score:{0}; test_score:{1}' . format(train_score,test_score))
#sigmoid 核函数输出训练精度和测试精度
```

首先使用 pandas 库的 read_csv 函数从互联网上读取指定的数据集；对数据集进行预处理，将缺失值替换为标准缺失值，并丢弃带有缺失值的数据；然后使用 StandardScaler 对数据进行标准化处理，以确保每个维度的特征数据方差为 1，均值为 0；接着使用逻辑回归建立模型并进行训练；最后使用测试集进行预测，并计算模型的准确性得分和其他指标。相应代码如下：

```
#导入 pandas 与 numpy 工具包
import pandas as pd
import numpy as np
#创建特征列表
column_names=[
' Sample code number' ,' Clump Thickness' ,' Uniformity of Cell Size' ,
' Uniformity of Cell Shape' ,' Marginal Adhesion' ,
' Single Epithelial Cell Size' ,' Bare Nuclei' ,' Bland Chromatin' ,
' Normal Nucleoli' ,' Mitoses' ,' Class'
]
#使用 pandas. read_csv 函数从互联网上读取指定的数据集
data=pd. read_csv(
' https://archive. ics. uci. edu/ml/machine- learning- databases/breast- cancer- wisconsin/breast- cancer- wis-
consin. data' ,
```

```
                    names=column_names)
#数据集预处理
#处理缺失值,将"?"替换为标准缺失值,并丢弃带有缺失值的数据
#将 ? 替换为标准缺失值符号表示
data=data. replace(to_replace='?',value=np. nan)
#丢弃带有缺失值的数据(只要有一个维度有缺失)
data=data. dropna(how='any')
#查看数据形状
#输出 data 的数据量和维度
data. shape
#使用 sklearn. model_selection 里的 train_test_split 模块用于分割数据
from sklearn. model_selection import train_test_split
#随机采样 25% 的数据用于测试,剩下的 75% 用于构建训练集
X_train,X_test,y_train,y_test=train_test_split(data[column_names[1:10]],data[column_names[10]],test_
size=0. 25,random_state=33)
#从 sklearn. preprocessing 里导入函数
from sklearn. preprocessing import StandardScaler
from sklearn. linear_model import LogisticRegression
from sklearn. linear_model import SGDClassifier
#标准化数据,保证每个维度的特征数据方差为 1,均值为 0。使预测结果不会被某些维度过大的
特征值主导
ss=StandardScaler()
X_train=ss. fit_transform(X_train)
X_test=ss. transform(X_test)
#分别使用逻辑回归建立模型,代码如下
#初始化 LogisticRegression
lr=LogisticRegression()
#调用 LogisticRegression 中的 fit 函数/模块用来训练模型参数
lr. fit(X_train,y_train)
#使用训练好的模型 lr 对 X_test 进行预测,结果储存在变量 lr_y_predict 中
lr_y_predict=lr. predict(X_test)
#从 sklearn. metrics 里导入 classification_report 模块
from sklearn. metrics import classification_report
#使用逻辑回归模型自带的评分函数 score 获得模型在测试集上的准确性结果
print (' Accuracy of LR Classifier:' ,lr. score(X_test,y_test))
#利用 classification_report 模块获得 LogisticRegression 其他 3 个指标的结果
print (classification_report(y_test,lr_y_predict,target_names=[' Benign' ,' Malignant' ]))
```

3. 案例结果

上述两组代码的运行结果分别如图 12-26 和图 12-27 所示。

```
数据集, 特征 (569, 30)
(569,)
特征名称
['mean radius' 'mean texture' 'mean perimeter' 'mean area'
 'mean smoothness' 'mean compactness' 'mean concavity'
 'mean concave points' 'mean symmetry' 'mean fractal dimension'
```

```
测试最大分数, gammalist 0.8859649122807017 1.1513953993264481e-07
train_score:0.9692307692307692; test_score:0.9385964912280702
train_score:0.9076923076923077; test_score:0.9122807017543859
train_score:1.0; test_score:0.5877192982456141
train_score:0.5054945054945055; test_score:0.4649122807017544
```

图 12-26 SVM 算法的不同核函数在乳腺癌分类任务上的结果对比

```
Accuracy of LR Classifier: 0.9883040935672515
              precision    recall  f1-score   support

      Benign       0.99      0.99      0.99       100
   Malignant       0.99      0.99      0.99        71

    accuracy                           0.99       171
   macro avg       0.99      0.99      0.99       171
weighted avg       0.99      0.99      0.99       171
```

图 12-27 逻辑回归在乳腺癌分类任务上的结果

通过比较，可得出以下结论。

（1）线性核函数和多项式核函数测试精度较高，高斯核函数和 sigmoid 核函数测试精度较低。因此，本案例使用线性核函数及多项式核函数测试得到的效果比较理想。

（2）高斯核函数的测试精度为 1。

（3）在 sigmoid 核函数中，gamma 的值对测试精度有影响。

12.3 血糖分析及预测

下面对血糖分析及预测案例的基本信息、设计方案及代码进行介绍。

12.3.1 案例基本信息

目前我国糖尿病的患病率达到 10.4%，也就是平均 10 个人中就有 1 个人患糖尿病。日常生活中，引起血糖波动的因素有很多，如不合理的饮食，过量饮酒，运动不当，药物影响(降糖药或其他药)，情绪和身体的应激，青少年生长期，妊娠或感冒等急性疾病，肝、肾、胰脏等慢性疾病，高血压，心脏病等。血糖值直接反映实际糖代谢紊乱程度，因此血糖的及时有效检测显得尤为重要。

本案例旨在利用机器学习算法对血糖数据进行分析和预测，并提供相应的技术支持。通过对大量血糖数据进行收集和分析，结合 8 种机器学习算法和模型(线性回归、SVM 回归、AdaBoost 回归、随机森林回归、Bagging 回归、梯度提升树回归、决策树回归、极端树回归)，对血糖的发展趋势进行预测，为医疗决策和治疗方案提供科学依据和参考。

1. 案例涉及的基本理论知识点

线性回归通过使用最佳的拟合直线(又称回归线)，建立因变量(Y)和一个或多个自变量(X)之间的关系。SVM 是一种监督学习算法，用于预测离散值。集成学习模型是通过构建并结合多个模型来共同完成学习任务的。

2. 案例使用的平台、语言及库函数

平台：PyCharm。

语言：Python。

库函数：time、pandas、numpy、matplotlib、sklearn。

12.3.2　案例设计方案

本小节主要对血糖分析及预测的步骤及其创新点进行介绍。

1. 案例描述

基于同一组血糖的数据，对数据分别进行了不处理、平滑处理、np. loglp 处理和升维处理(degree = 7)。利用 sklearn 库中的 8 个回归模型(线性回归、SVM 回归、AdaBoost 回归、随机森林回归、Bagging 回归、梯度提升树回归、决策树回归、极端树回归)分别对数据进行预测，得到 8 个回归模型的预测值和拟合图像，从而总结出哪个回归模型更好。

2. 案例创新点

本案例一方面对数据分别进行了平滑和升维处理，通过对比实验进一步得出结论；另一方面采用决策树回归、随机森林回归、极端树回归、梯度提升树回归模型做了回归任务。

12.3.3　案例实现

1. 案例数据样例或数据集

本案例使用自制的动态血糖检测数据作为数据集，数据维度为(4 793，2)，其下载自 https：//gitcode. net/mirrors/935048000/bloodGlucosePredict/-/blob/master/DataSets/DynamicBloodGlucoseData. csv。

在数据集中，第一列为数据编号，第二列为动态血糖值，第三列为检测时间点(时间戳)，以下为 DataSets_DynamicBloodGlucoseData. csv 血糖数据集(部分数据)。

```
number, blood_sugar, dateline
375740, 12. 0, 1493360446
375741, 12. 0, 1493360266
377965, 12. 4, 1493436143
```

$$377968, \ 12.4, \ 1493436323$$
$$377970, \ 12.4, \ 1493436503$$
$$377972, \ 12.4, \ 1493436683$$
$$377987, \ 12.4, \ 1493436863$$
$$377990, \ 12.4, \ 1493437043$$
$$377992, \ 12.5, \ 1493437403$$
$$377993, \ 12.5, \ 1493437223$$
$$378003, \ 12.5, \ 1493437583$$
$$378161, \ 5.6, \ 1493441723$$
$$378162, \ 5.9, \ 1493441543$$
$$378163, \ 6.3, \ 1493441363$$
$$378164, \ 6.6, \ 1493441183$$
$$378165, \ 7.0, \ 1493441003$$

2. 案例代码

　　首先对血糖数据进行平滑和升维处理，然后基于原始数据以及处理过的数据，分别在 8 个回归模型上进行血糖预测，最后计算出预测得分并画出预测曲线。基于血糖预测的回归模型的代码如下：

```python
#载入相关库
import pandas as pd
import numpy as np
import matplotlib. pyplot as plt
import time
from sklearn. linear_model import LinearRegression    #线性回归
from sklearn. svm import SVR    #SVM 回归
from sklearn. ensemble import AdaBoostRegressor    #AdaBoost 回归
from sklearn. ensemble import RandomForestRegressor    #随机森林回归
from sklearn. ensemble import BaggingRegressor    #Bagging 回归
from sklearn. ensemble import GradientBoostingRegressor    #梯度提升树回归
from sklearn. tree import DecisionTreeRegressor    #决策树回归
from sklearn. tree import ExtraTreeRegressor    #极端树回归
from sklearn. model_selection import train_test_split
#数据预处理函数:时间戳转字符串时间
def stamp2str(stamp,strTimeFormat="% Y- % m- % d % H:% M:% S"):
    return time. strftime(strTimeFormat,time. localtime(stamp))    #转换为 time. struct_time 类型的对象的
秒数
#数据不处理函数
n_score=[]
def model_function(regr,title):
    x_train,x_test,y_train,y_test=train_test_split(X,Y,test_size=0. 3,random_state=1)
    regr. fit(x_train,y_train)
    t=np. linspace(0,2400,len(x_test))
```

```python
    predict=regr. predict(x_test)
#得分
    score=regr. score(x_test,y_test)
    n_score. append(score)
#绘图
    plt. title(title+" 得分:"+str(score))    #标题
    ax. set_xlabel(' time( 0- 2400)' )           #x 轴坐标
    ax. set_ylabel(' blood glucose' ) #y 轴坐标
#点的准确位置
    ax. scatter(t,y_test,color=' g' )
#预测结果
    ax. plot(t,predict,color=' r' )
#数据平滑处理函数
m_score=[]
def model_smooth(regr,title):
    y_log=np. log1p(Y)
    x_train_log,x_test_log,y_train_log,y_test_log=train_test_split(X,y_log,test_size=0. 3,random_state
=1)
    regr. fit(x_train_log,y_train_log)
    y_pred=regr. predict(x_test_log)
    t=np. linspace(0,2400,len(x_test_log))
#得分
    score=regr. score(x_test_log,y_test_log)
    m_score. append(score)
#绘图
    plt. title(title+" 得分:"+str(score))    #标题
    ax. set_xlabel(' time( 0- 2400)' )           #x 轴坐标
    ax. set_ylabel(' blood glucose' )           #y 轴坐标
#点的准确位置
    ax. scatter(t,np. expm1(y_test_log),color=' g' )
#预测结果
    ax. plot(t,np. expm1(y_pred),color=' r' )
#数据升维处理函数
v_score=[]
from sklearn. preprocessing import PolynomialFeatures
def model_PolynomialFeatures(regr,title):
    pf=PolynomialFeatures(degree=7)
    x=pf. fit_transform(X)
    x_train_v,x_test_v,y_train_v,y_test_v=train_test_split(x,Y,test_size=0. 3,random_state=1)
    regr. fit(x_train_v,y_train_v)
    t=np. linspace(0,2400,len(x_test_v))
    predict=regr. predict(x_test_v)
```

```
#方差得分
score=regr. score(x_test_v,y_test_v)
v_score. append(score)
#绘图
plt. title(title+"得分:"+str(score))   #标题
ax. set_xlabel('time(0-2400)')   #x轴坐标
ax. set_ylabel('blood glucose')   #y轴坐标
ax. scatter(t,y_test_v,color='g')
ax. plot(t,predict,color='r')
#主函数
if _name_=='_main_':
#载入数据
data=pd. read_csv('DataSets_DynamicBloodGlucoseData. csv',index_col=0)
data. head()
X=data['dateline']. values. reshape(-1,1)[:500]   #reshape(-1,1)转换成一列
Y=data['blood_sugar']. values[:500]
#数据预处理
for i in range(len(X)):
X[i]=int(stamp2str(int(X[i]),strTimeFormat="% H% M"))
models=[LinearRegression(),SVR(),DecisionTreeRegressor(),BaggingRegressor(),RandomForestRegressor(),
ExtraTreeRegressor(),AdaBoostRegressor(),GradientBoostingRegressor()]
models_str = [ " LinearRegression "," SupportVectorRegression "," DecisionTreeRegressor ","
BaggingRegressor","RandomForestRegressor","ExtraTreeRegressor","AdaBoostRegressor","GradientBoostingRe-
gressor"]
print("- - - normal- - - ")
normal=1
fig=plt. figure(figsize=(16,16))
fig. suptitle('普通')   #给图片添加标题
for name,model in zip(models_str,models):
ax=fig. add_subplot(4,2,normal)
model_function(model,name)
normal=normal + 1
print("- - - smooth- - - ")
smooth=1
fig2=plt. figure(figsize=(16,16))
fig2. suptitle('平滑')   #给图片添加标题
for name,model in zip(models_str,models):
ax=fig2. add_subplot(4,2,smooth)
model_smooth(model,name)
smooth=smooth + 1
print("- - - PolynomialFeatures- - - ")
PF=1
fig3=plt. figure(figsize=(16,16))
```

```
fig3. suptitle(' 升维')   #给图片添加标题
for name,model in zip(models_ str,models):
ax = fig3. add_ subplot(4,2,PF)
model_ PolynomialFeatures(model,name)
PF += 1
plt. show()
#输出
print("回归模型普通平滑升维")
for model,n,m,v in zip(models_ str,n_ score,m_ score,v_ score):
print(model,"   ",n,"   ",m,"   ",v)
```

3. 案例结果

原始数据的运行结果如图 12-28 所示。由运行结果可以看出，同一数据集在不同模型下得到的预测结果是有差别的，且集成学习模型效果普遍较好。

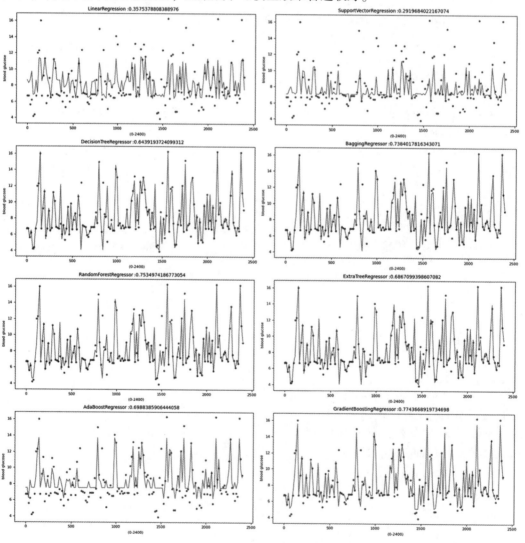

图 12-28　原始数据的运行结果

平滑数据的运行结果如图 12-29 所示。由运行结果可以看出，平滑处理使 SVM 回归模型的效果轻微提升，集成学习算法大多都出现了轻微下降，因此集成学习模型不太适合将预测值进行平滑处理。

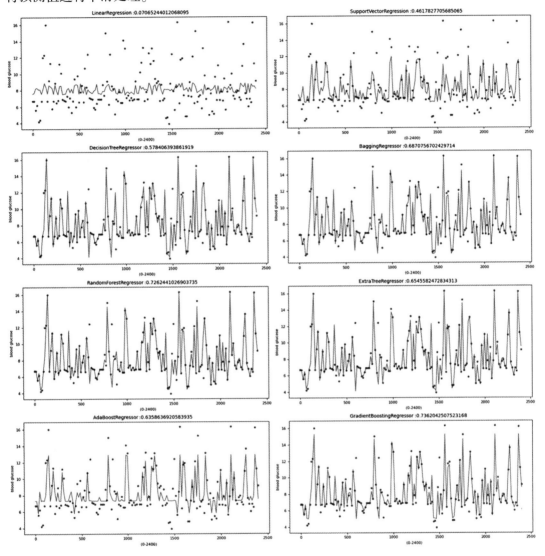

图 12-29　平滑数据的运行结果

升维数据的运行结果如图 12-30 所示。由运行结果可以看出，数据升维处理使线性回归模型的效果明显提升，其余模型的效果变化不太大。PolynomialFeatures（degree = 7）影响模型的预测效果，degree 越大，预测效果越好。增加维度会影响预测的精度，但有时增加维度并没有明显影响预测的精度，但这并不代表增加维度是一个没有多大用处的方法。

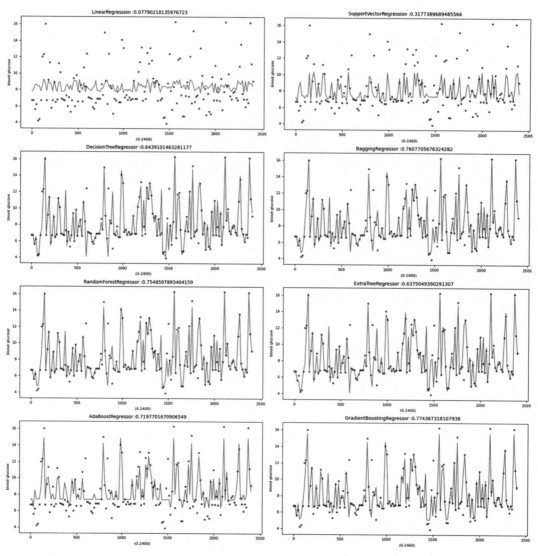

图 12-30　升维数据的运行结果

　　不同数据处理下各回归模型的血糖预测结果如图 12-31 所示。由结果可以看出，数据处理方式和回归模型都会对预测结果造成影响。

回归模型	普通	平滑	升维
LinearRegression	0.07790218135976723	0.070652440012068095	0.3575378808388976
SupportVectorRegression	0.3177389689485566	0.4617827705685065	0.2919684022167074
DecisionTreeRegressor	0.6439101463281177	0.578406393861919	0.6439193724099312
BaggingRegressor	0.7271299406283183	0.6583656467389628	0.7185726048712318
RandomForestRegressor	0.7704598656802961	0.7020876184929042	0.7622803237493103
ExtraTreeRegressor	0.6436979464464083	0.6548587681659069	0.6344511059488791
AdaBoostRegressor	0.7093621578544769	0.6408973738650419	0.7312207464022289
GradientBoostingRegressor	0.774367318107936	0.7362042507523168	0.7743665788244092

图 12-31　不同数据处理下各回归模型的血糖预测结果

本章小结

本章主要介绍了疾病分析及预测的方法，通过机器学习算法对疾病数据进行处理和建模。通过本章的学习，读者了解了疾病分析及预测的实际操作经验，提高了数据分析和预测的技能，并培养了团队协作意识和解决实际问题的能力，这些知识和技能将为其今后在医疗健康领域的工作提供有力支持。

本章习题

1. SVM 中的泛化误差代表(　　)。

A. 分类超平面与支持向量的距离

B. SVM 对新数据的预测准确度

C. SVM 中的误差阈值

D. SVM 的样本误差

2. SVM 算法的性能取决于(　　)。

A. 核函数的选择　　　　　　　　　　B. 核函数的参数

C. 软间隔参数 c　　　　　　　　　　D. 以上所有

3. 假设选取了高 gamma 值的高斯基核函数，这表示(　　)。

A. 建模时，模型会考虑到离超平面更远的点

B. 建模时，模型只考虑离超平面近的点

C. 模型不会被数据点与超平面的距离影响

D. 模型被数据点的影响很小

4. 什么是支持向量机?

5. 简述逻辑回归和线性回归的关系。

习题答案

1. B。　　2. C。　　3. B。

4. 支持向量机(SVM)是一种二分类模型，它的基本模型是定义在特征空间上的、间隔最大的线性分类器，间隔最大使它有别于感知机；SVM 还包括核技巧，这使它成为实质上的非线性分类器。SVM 的学习策略就是间隔最大化，可形式化为一个求解凸二次规划的问题，也等价于正则化的合页损失函数的最小化问题。SVM 的学习算法就是求解凸二次规划的最优化算法。

5. 逻辑回归与线性回归都是一种广义线性模型。逻辑回归假设因变量 y 服从伯努利分布，而线性回归假设因变量 y 服从高斯分布。因此，逻辑回归与线性回归有很多相同之处，如果去除 sigmoid 映射函数，逻辑回归算法就是一个线性回归。可以说，逻辑回归是以线性回归为理论支持的，但是逻辑回归通过 sigmoid 函数引入了非线性因素，因此可以轻松处理 0/1 分类问题。

第 13 章

球赛预测

章前引言

　　监督学习算法包含分类算法与回归算法。若训练集样本数据类别标签的分布呈离散状态，则采用分类算法进行预测；若类别标签的分布呈连续分布，则采用回归算法进行预测。回归的目的是研究自变量与因变量之间的关系，通过构造一个函数来拟合样本点集，并尽量减少点集与拟合函数之间的误差。使用回归，可以在给定输入的情况下预测出一个数值，完成数值型样本数据的预测。数据挖掘中包含多种回归算法，如线性回归、多项式回归、支持向量回归、决策树回归、随机森林回归等。在回归分析中，线性回归通常是入门级的基础算法，若回归分析仅包含两个变量，且自变量与因变量的关系可用一条直线近似表达时，通常称为一元线性回归分析。若回归分析中包括两个或两个以上的自变量，且因变量与自变量之间呈线性关系，则称为多元线性回归分析。目前回归算法的应用领域非常多，包括居民消费结构分析、军事资源分析等。

教学目的与要求

　　学习回归算法；掌握使用 Python 实现回归算法对结果的预测；掌握线性回归、多项式回归、岭回归、支持向量回归、随机森林回归；了解线性回归、多项式回归、逻辑回归的应用场景和优缺点。

学习重点

　　1. 线性回归、多项式回归、岭回归、支持向量回归、随机森林回归等主要算法的原理和应用场景。

　　2. 回归问题的基本概念和解决思路。

　　3. 回归问题中的评估指标。

学习难点

1. 过拟合和欠拟合问题。
2. 选择合适的算法和参数设置。
3. 回归问题的理论基础和应用场景。
4. 最小二乘法和线性回归。

素养目标

1. 提高编程能力，具备编程实践能力。
2. 加强实践能力，提升数据科学素养。
3. 具备较强的数据处理和数据分析能力，避免数据分布不平衡导致结果偏差较大。

▶▶▶ 13.1 基于回归模型的世界杯比赛预测 ▶▶▶

回归模型确定的变量之间的关系是相关关系，在大量的观察下，会表现出一定的规律性，可以借助函数关系式来表达，这种函数称为回归函数或回归方程。

13.1.1 案例基本信息

本小节对2023年世界杯比赛进行预测。

1. 案例涉及的基本理论知识点

线性回归是指通过使用最佳的拟合直线(又称回归线)，建立因变量(Y)和一个或多个自变量(X)之间的关系。

2. 案例使用的平台、语言及库函数

平台：PyCharm。

语言：Python。

库函数：matplotlib、numpy、pandas、seaborn、sklearn。

13.1.2 案例设计方案

本小节对本案例的基本思路及其创新点进行介绍。

1. 案例描述

基于2023年参加世界杯比赛的队伍数据，对数据进行预处理，包括数据清洗和特征选择，使用了sklearn库中的回归模型(逻辑回归模型)对数据进行分类和预测，得出结论。

2. 案例创新点

本案例一方面对数据分别进行了平滑和升维处理，通过对比实验，进一步得出结论；另一方面采用逻辑回归模型完成了分类任务。

13.1.3　案例实现

1. 案例数据样例或数据集

本案例使用自 1930 年以来的比赛结果和 2023 年世界杯数据作为数据集，数据维度为（4 793，2），其下载自 https://www.kaggle.com/martj42/international-football-results-from-1872-to-2023/data。

本案例所用数据集部分截取如图 13-1 所示。

Team	Group	Previous appearances	Previous titles	Previous finals	Previous semifinals	Current FIFA rank	First match against	Match index	history with first opponent W-L	history with first opponent goals	Second match against	Match index	history with second opponent W-L	history with second opponent goals	Third match against	Match index	history with third opponent W-L	history with third opponent goals
Russia	A	10	0	0	1	65	Saudi Arab	1	-1	-2	Egypt	17	N/A	N/A	Uruguay	33	0	0
Saudi Arab	A	4	0	0	0	63	Russia	1		1	Uruguay	18	1	1	Egypt	34	-5	-5
Egypt	A	2	0	0	0	31	Uruguay	2	-1	-2	Russia	17	N/A	N/A	Saudi Arab	34	5	5
Uruguay	A	12	2	2	5	21	Egypt	2		2	Saudi Arab	18	-1	-1	Russia	33	0	0
Porugal	B	6	0	0	2	3	Spain	3	-12	-31	Morocco	19	-1	-2	Iran	35	2	5
Spain	B	14	1	1	2	6	Portugal	3	12	31	Iran	20	N/A	N/A	Morocco	36	5	7
Morocco	B	4	0	0	0	40	Iran	4	-2	-2	Portugal	19	1	2	Spain	36	-5	-7
IRAN	B	4	0	0	0	32	Morocco	4	2	2	Spain	20	N/A	N/A	Portugal	35	-2	-5
France	C	14	1	2	5	7	Australia	5	-1	-6	Peru	21	-1	-3	Denmark	37	4	9
Australia	C	4	0	0	0	39	France	5	-1	-6	Denmark	22	-1	-3	Peru	38	N/A	N/A
Peru	C	4	0	0	0	11	Denmark	6	N/A	N/A	France	21	1	1	Australia	38	N/A	N/A
Denmark	C	4	0	0	0	12	Peru	6	N/A	N/A	Australia	22	1	1	France	37	-4	-9
Argentina	D	16	2	5	5	4	Iceland	7	N/A	N/A	Croatia	23	1	0	Nigeria	39	3	1
Iceland	D	0	0	0	0	22	Argentina	7	N/A	N/A	Nigeria	24	1	0	Croatia	40	-3	-9
Croatia	D	4	0	0	0	17	Nigeria	8	N/A	N/A	Argentina	23	-1	0	Iceland	40	3	9
Nigeria	D	5	0	0	0	50	Croatia	8	N/A	N/A	Iceland	24	-1	0	Argentina	39	-3	-1
Brazil	E	20	5	7	11	2	Switzerland	9	1	2	Costarica	25	8	19	Serbia	41	1	1
Switzerland	E	10	0	0	0	8	Brazil	9	-1	-2	Serbia	26	N/A	N/A	Costarica	42	0	1
Costarica	E	4	0	0	0	26	Serbia	10	N/A	N/A	Brazil	25	-8	-19	Switzerland	42	0	-1
Serbia	E	11	0	0	0	37	Costarica	10	N/A	N/A	Switzerland	26	N/A	N/A	Brazil	41	-1	-1
Germany	F	18	4	8	13	1	Mexico	11	4	13	Sweden	27	2	10	Korea	43	1	0
Mexico	F	15	0	0	0	16	Germany	11	-4	-13	Korea	28	1	12	Sweden	44	-2	-3
Sweden	F	11	0	0	1	18	Korea	12	1	2	Germany	27	-2	-10	Mexico	44	2	3
Korea	F					59	Sweden	12		-2	Mexico			-10	Germany	43	-1	3

图 13-1　本案例所用数据集部分截取

2. 案例代码

首先对世界杯球队数据进行数据清洗，然后基于原始数据以及处理过的数据，在逻辑回归模型上进行结果预测，最后计算出预测结果。本案例的代码如下：

```python
import matplotlib.pyplot as plt
import numpy as np
import pandas as pd
import seaborn as sns
from sklearn.linear_model import LogisticRegression
from sklearn.model_selection import train_test_split
#加载数据
world_cup=pd.read_csv('datasets/World Cup 2023 Dataset.csv')
results=pd.read_csv('datasets/results.csv')
world_cup.head()
results.head()
#增加净胜球，确定谁是赢家
winner=[]
for i in range(len(results['home_team'])):
    if results['home_score'][i] > results['away_score'][i]:
        winner.append(results['home_team'][i])
```

```python
    elif results[' home_score' ][i] < results[' away_score' ][i]:
            winner. append(results[' away_team' ][i])
        else:
            winner. append(' Draw' )
results[' winning_team' ]=winner
#增加净胜球栏
results[' goal_difference' ]=np. absolute(results[' home_score' ] - results[' away_score' ])
results. head()
#让我们来处理数据的一个子集，其中包括尼日利亚人在尼日利亚数据框架中玩的游戏
df=results[(results[' home_team' ]==' Nigeria' ) | (results[' away_team' ]==' Nigeria' )]
nigeria=df. iloc[:]
nigeria. head()
#每年创建一个专栏，第一届世界杯于1930年举行
year=[]
for row in nigeria[' date' ]:
    year. append(int(row[:4]))
nigeria[' match_year' ]=year
nigeria_1930=nigeria[nigeria. match_year >=1930]
nigeria_1930. count()
#尼日利亚可视化的常见比赛结果是什么
wins=[]
for row in nigeria_1930[' winning_team' ]:
    if row !=' Nigeria'  and row !=' Draw' :
            wins. append(' Loss' )
    else:
            wins. append(row)
winsdf=pd. DataFrame(wins,columns=[' Nigeria_Results' ])
#策划
fig,ax=plt. subplots(1)
fig. set_size_inches(10. 7,6. 27)
sns. set(style=' darkgrid' )
sns. countplot(x=' Nigeria_Results' ,data=winsdf)
#胜利是分析和预测比赛结果的一个很好的指标
#比赛和场地不会增加我们的预测
#将使用历史比赛记录
#缩小到参加世界杯的球队
worldcup_teams=[' Australia' ,' Iran' ,' Japan' ,' Korea Republic' ,
                ' Saudi Arabia' ,' Egypt' ,' Morocco' ,' Nigeria' ,
                ' Senegal' ,' Tunisia' ,' Costa Rica' ,' Mexico' ,
```

```
                        ' Panama' ,' Argentina' ,' Brazil' ,' Colombia' ,
                        ' Peru' ,' Uruguay' ,' Belgium' ,' Croatia' ,
                        ' Denmark' ,' England' ,' France' ,' Germany' ,
                        ' Iceland' ,' Poland' ,' Portugal' ,' Russia' ,
                        ' Serbia' ,' Spain' ,' Sweden' ,' Switzerland' ]
df_teams_home=results[results[' home_team' ]. isin(worldcup_teams)]
df_teams_away=results[results[' away_team' ]. isin(worldcup_teams)]
df_teams=pd. concat((df_teams_home,df_teams_away))
df_teams. drop_duplicates()
df_teams. count()
df_teams. head()
#创建一个年份栏来删除1930年之前的比赛
year=[]
for row in df_teams[' date' ]:
    year. append(int(row[:4]))
df_teams[' match_year' ]=year
df_teams_1930=df_teams[df_teams. match_year >=1930]
df_teams_1930. head()
#删除不影响匹配结果的列
df_teams_1930=df_teams. drop(
    [' date' ,' home_score' ,' away_score' ,' tournament' ,' city' ,' country' ,' goal_difference' ,' match_year' ],
axis=1)
df_teams_1930. head()
#创建模型
#预测标签：如果主队获胜，winning_team列将显示"2"，如果平局，则显示"1"，如果客队获胜，
则显示"0"
df_teams_1930=df_teams_1930. reset_index(drop=True)
df_teams_1930. loc[df_teams_1930. winning_team = = df_teams_1930. home_team,' winning_team' ]
=2
df_teams_1930. loc[df_teams_1930. winning_team= =' Draw' ,' winning_team' ]=1
df_teams_1930. loc[df_teams_1930. winning_team= =df_teams_1930. away_team,' winning_team' ]=0
df_teams_1930. head()
#将主队和客队由分类变量转换为连续输入
#获取虚拟变量
final=pd. get_dummies(df_teams_1930,prefix=[' home_team' ,' away_team' ],columns=[' home_team' ,'
away_team' ])
#分离X和y集合
X=final. drop([' winning_team' ],axis=1)
y=final["winning_team"]
```

```
y=y. astype(' int' )
#分离训练和测试集
X_train,X_test,y_train,y_test=train_test_split(X,y,test_size=0. 30,random_state=42)
final. head()
logreg=LogisticRegression()
logreg. fit(X_train,y_train)
score=logreg. score(X_train,y_train)
score2=logreg. score(X_test,y_test)
print("Training set accuracy: ",' %. 3f'  % (score))
print("Test set accuracy: ",' %. 3f'  % (score2))
#增加国际足联排名
#在国际足联排名中排名较高的球队将被视为比赛的热门球队
#因此将定位在 home_teams 列下
#因为世界杯比赛没有主队和客队之分
#加载新数据集
ranking=pd. read_csv(' datasets/fifa_rankings. csv' )
fixtures=pd. read_csv(' datasets/fixtures. csv' )
#存储小组赛比赛的列表
pred_set=[]
#创建每个团队排名位置的新列
fixtures. insert(1,' first_position' ,fixtures[' Home Team' ]. map(ranking. set_index(' Team' )[' Position' ]))
fixtures. insert(2,' second_position' ,fixtures[' Away Team' ]. map(ranking. set_index(' Team' )[' Position' ]))
#我们只需要小组的比赛，所以必须分割数据集
fixtures=fixtures. iloc[:48,:]
fixtures. tail()
#循环，根据每个团队的排名位置将团队添加到新的预测数据集
for index,row in fixtures. iterrows():
    if row[' first_position' ] < row[' second_position' ]:
        pred_set. append ({' home_team' : row [' Home Team' ],' away_team' : row [' Away Team' ],' winning_team' : None})
    else:
        pred_set. append ({' home_team' : row [' Away Team' ],' away_team' : row [' Home Team' ],' winning_team' : None})
    pred_set=pd. DataFrame(pred_set)
    backup_pred_set=pred_set
    pred_set. head()
#获取虚拟变量并删除 winning_team 列
    pred_set=pd. get_dummies(pred_set,prefix=[' home_team' ,' away_team' ],columns=[' home_team' ,' away_team' ])
```

```
#添加与模型训练数据集相比较的缺失列
missing_cols=set(final.columns) − set(pred_set.columns)
for c in missing_cols:
    pred_set[c]=0
pred_set=pred_set[final.columns]
#移除获胜队栏
pred_set=pred_set.drop(['winning_team'],axis=1)
pred_set.head()
#小组赛
predictions=logreg.predict(pred_set)
for i in range(fixtures.shape[0]):
    print(backup_pred_set.iloc[i,1] + " and " + backup_pred_set.iloc[i,0])
    if predictions[i]==2:
        print("Winner: " + backup_pred_set.iloc[i,1])
    elif predictions[i]==1:
        print("Draw")
    elif predictions[i]==0:
        print("Winner: " + backup_pred_set.iloc[i,0])
    print(' Probability of ' + backup_pred_set.iloc[i,1] + ' winning: ',
          '%.3f' % (logreg.predict_proba(pred_set)[i][2]))
    print(' Probability of Draw: ','%.3f' % (logreg.predict_proba(pred_set)[i][1]))
    print(' Probability of ' + backup_pred_set.iloc[i,0] + ' winning: ',
          '%.3f' % (logreg.predict_proba(pred_set)[i][0]))
    print("")
#之前的元组列表
group_16=[('Uruguay','Portugal'),
          ('France','Croatia'),
          ('Brazil','Mexico'),
          ('England','Colombia'),
          ('Spain','Russia'),
          ('Argentina','Peru'),
          ('Germany','Switzerland'),
          ('Poland','Belgium')]
def clean_and_predict(matches,ranking,final,logreg):
    #初始化用于数据清理的辅助列表
    positions=[]
    #循环以根据 FIFA 排名检索每支球队的位置
    for match in matches:
        positions.append(ranking.loc[ranking['Team']==match[0],'Position'].iloc[0])
```

```
        positions. append(ranking. loc[ranking[' Team' ]==match[1],' Position' ]. iloc[0])
#为预测创建 DataFrame
pred_set=[]
#初始化 while 循环的迭代器
i=0
j=0
#i 将是 positions 列表的迭代器, j 将是匹配列表(元组列表)的迭代器
while i < len(positions):
        dict1 = {}
        #如果一线队的位置更好, 它将成为主队, 反之亦然
        if positions[i] < positions[i + 1]:
                dict1. update({' home_team' : matches[j][0],' away_team' : matches[j][1]})
        else:
                dict1. update({' home_team' : matches[j][1],' away_team' : matches[j][0]})
        #将更新后的字典追加到列表中, 稍后将转换为数据框架
        pred_set. append(dict1)
        i +=2
        j +=1
#将列表转换为数据框架
pred_set=pd. DataFrame(pred_set)
backup_pred_set=pred_set
#获取虚拟变量并删除 winning_team 列
pred_set=pd. get_dummies(pred_set,prefix=[' home_team' ,' away_team' ],columns=[' home_team' ,' a-
way_team' ])
        #添加与模型训练数据集相比较的缺失列
        missing_cols2=set(final. columns) - set(pred_set. columns)
        for c in missing_cols2:
                pred_set[c]=0
        pred_set=pred_set[final. columns]
        #移除获胜队栏
        pred_set=pred_set. drop([' winning_team' ],axis=1)
        #预测
        predictions=logreg. predict(pred_set)
        for i in range(len(pred_set)):
                print(backup_pred_set. iloc[i,1] + " and " + backup_pred_set. iloc[i,0])
                if predictions[i]==2:
                        print("Winner: " + backup_pred_set. iloc[i,1])
                elif predictions[i]==1:
                        print("Draw")
```

```
        elif predictions[i]==0:
            print("Winner: " + backup_pred_set. iloc[i,0])
        print(' Probability of ' + backup_pred_set. iloc[i,1]+' winning: ',
            '%. 3f ' % (logreg. predict_proba(pred_set)[i][2]))
        print(' Probability of Draw: ','%. 3f ' % (logreg. predict_proba(pred_set)[i][1]))
        print(' Probability of ' + backup_pred_set. iloc[i,0] + ' winning: ',
            '%. 3f ' % (logreg. predict_proba(pred_set)[i][0]))
        print("")
clean_and_predict(group_16,ranking,final,logreg)
#匹配列表
quarters=[(' Portugal' ,' France' ),
            (' Spain' ,' Argentina' ),
            (' Brazil' ,' England' ),
            (' Germany' ,' Belgium' )]
clean_and_predict(quarters,ranking,final,logreg)
#匹配列表
semi=[(' Portugal' ,' Brazil' ),
        (' Argentina' ,' Germany' )]
clean_and_predict(semi,ranking,final,logreg)
#决赛
finals=[(' Brazil' ,' Germany' )]
clean_and_predict(finals,ranking,final,logreg)
```

3. 案例结果

梯度提升树算法、逻辑回归模型数据运行结果分别如图 13-2、图 13-3 所示。由结果可以看出，同一数据集在梯度提升树算法和逻辑回归模型下得到的预测结果是有差别的，且逻辑回归模型的效果普遍较好。

```
acc: False
pre_test: 0.4993517017828201
pre_train: 0.5088572420979507
Training set accuracy:  0.499
Test set accuracy:  0.509
```

图 13-2　梯度提升树算法数据运行结果

```
Training set accuracy:  0.575
Test set accuracy:  0.550
```

图 13-3　逻辑回归模型数据运行结果

世界杯小组赛预测结果如图 13-4~图 13-12 所示。

```
Saudi Arabia and Russia
Winner: Saudi Arabia
Probability of Saudi Arabia winning: 0.707
Probability of Draw: 0.194
Probability of Russia winning: 0.099

Egypt and Uruguay
Winner: Egypt
Probability of Egypt winning: 0.615
Probability of Draw: 0.318
Probability of Uruguay winning: 0.067

Morocco and Iran
Draw
Probability of Morocco winning: 0.217
Probability of Draw: 0.413
Probability of Iran winning: 0.369

Spain and Portugal
Draw
Probability of Spain winning: 0.298
Probability of Draw: 0.356
Probability of Portugal winning: 0.346

Australia and France
Winner: Australia
Probability of Australia winning: 0.655
Probability of Draw: 0.213
Probability of France winning: 0.133
```

图 13-4　世界杯小组赛预测结果(1)

```
Japan and Poland
Winner: Japan
Probability of Japan winning: 0.571
Probability of Draw: 0.238
Probability of Poland winning: 0.191

Senegal and Colombia
Winner: Senegal
Probability of Senegal winning: 0.609
Probability of Draw: 0.184
Probability of Colombia winning: 0.208

Panama and Tunisia
Winner: Panama
Probability of Panama winning: 0.639
Probability of Draw: 0.249
Probability of Tunisia winning: 0.112

England and Belgium
Winner: Belgium
Probability of England winning: 0.264
Probability of Draw: 0.236
Probability of Belgium winning: 0.499
```

图 13-5　世界杯小组赛预测结果(2)

```
Switzerland and Brazil
Winner: Switzerland
Probability of Switzerland winning: 0.794
Probability of Draw: 0.127
Probability of Brazil winning: 0.079

Korea Republic and Sweden
Winner: Korea Republic
Probability of Korea Republic winning: 0.509
Probability of Draw: 0.330
Probability of Sweden winning: 0.162

Panama and Belgium
Winner: Panama
Probability of Panama winning: 0.815
Probability of Draw: 0.114
Probability of Belgium winning: 0.071

Tunisia and England
Winner: Tunisia
Probability of Tunisia winning: 0.693
Probability of Draw: 0.250
Probability of England winning: 0.058

Japan and Colombia
Winner: Japan
Probability of Japan winning: 0.530
Probability of Draw: 0.210
Probability of Colombia winning: 0.260
```

图 13-6　世界杯小组赛预测结果(3)

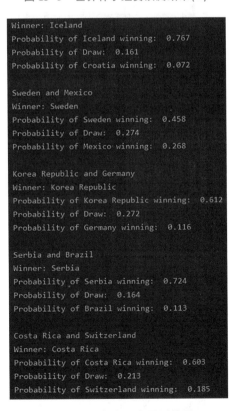

```
Winner: Iceland
Probability of Iceland winning: 0.767
Probability of Draw: 0.161
Probability of Croatia winning: 0.072

Sweden and Mexico
Winner: Sweden
Probability of Sweden winning: 0.458
Probability of Draw: 0.274
Probability of Mexico winning: 0.268

Korea Republic and Germany
Winner: Korea Republic
Probability of Korea Republic winning: 0.612
Probability of Draw: 0.272
Probability of Germany winning: 0.116

Serbia and Brazil
Winner: Serbia
Probability of Serbia winning: 0.724
Probability of Draw: 0.164
Probability of Brazil winning: 0.113

Costa Rica and Switzerland
Winner: Costa Rica
Probability of Costa Rica winning: 0.603
Probability of Draw: 0.213
Probability of Switzerland winning: 0.185
```

图 13-7　世界杯小组赛预测结果(4)

Nigeria and Iceland
Winner: Iceland
Probability of Nigeria winning: 0.286
Probability of Draw: 0.257
Probability of Iceland winning: 0.457

Serbia and Switzerland
Winner: Serbia
Probability of Serbia winning: 0.402
Probability of Draw: 0.235
Probability of Switzerland winning: 0.363

Tunisia and Belgium
Winner: Tunisia
Probability of Tunisia winning: 0.655
Probability of Draw: 0.226
Probability of Belgium winning: 0.120

Korea Republic and Mexico
Winner: Korea Republic
Probability of Korea Republic winning: 0.504
Probability of Draw: 0.333
Probability of Mexico winning: 0.163

Sweden and Germany
Winner: Sweden
Probability of Sweden winning: 0.574
Probability of Draw: 0.231
Probability of Germany winning: 0.195

图 13-8　世界杯小组赛预测结果(5)

Australia and Denmark
Winner: Australia
Probability of Australia winning: 0.570
Probability of Draw: 0.237
Probability of Denmark winning: 0.193

Peru and France
Winner: Peru
Probability of Peru winning: 0.646
Probability of Draw: 0.209
Probability of France winning: 0.146

Croatia and Argentina
Winner: Croatia
Probability of Croatia winning: 0.589
Probability of Draw: 0.264
Probability of Argentina winning: 0.147

Costa Rica and Brazil
Winner: Costa Rica
Probability of Costa Rica winning: 0.841
Probability of Draw: 0.115
Probability of Brazil winning: 0.044

Nigeria and Iceland
Winner: Iceland
Probability of Nigeria winning: 0.286
Probability of Draw: 0.257
Probability of Iceland winning: 0.457

图 13-9　世界杯小组赛预测结果(6)

Senegal and Poland
Winner: Senegal
Probability of Senegal winning: 0.645
Probability of Draw: 0.205
Probability of Poland winning: 0.150

Russia and Egypt
Winner: Egypt
Probability of Russia winning: 0.207
Probability of Draw: 0.286
Probability of Egypt winning: 0.507

Morocco and Portugal
Winner: Morocco
Probability of Morocco winning: 0.489
Probability of Draw: 0.372
Probability of Portugal winning: 0.139

Saudi Arabia and Uruguay
Winner: Saudi Arabia
Probability of Saudi Arabia winning: 0.720
Probability of Draw: 0.213
Probability of Uruguay winning: 0.067

Iran and Spain
Winner: Iran
Probability of Iran winning: 0.718
Probability of Draw: 0.223
Probability of Spain winning: 0.058

图 13-10　世界杯小组赛预测结果(7)

Iran and Portugal
Winner: Iran
Probability of Iran winning: 0.548
Probability of Draw: 0.352
Probability of Portugal winning: 0.100

Morocco and Spain
Winner: Morocco
Probability of Morocco winning: 0.669
Probability of Draw: 0.247
Probability of Spain winning: 0.084

Denmark and France
Winner: Denmark
Probability of Denmark winning: 0.633
Probability of Draw: 0.157
Probability of France winning: 0.210

Australia and Peru
Winner: Australia
Probability of Australia winning: 0.477
Probability of Draw: 0.254
Probability of Peru winning: 0.268

Nigeria and Argentina
Winner: Nigeria
Probability of Nigeria winning: 0.747
Probability of Draw: 0.188
Probability of Argentina winning: 0.065

图 13-11　世界杯小组赛预测结果(8)

```
Iceland and Argentina
Winner: Iceland
Probability of Iceland winning: 0.858
Probability of Draw: 0.112
Probability of Argentina winning: 0.030

Denmark and Peru
Winner: Denmark
Probability of Denmark winning: 0.430
Probability of Draw: 0.175
Probability of Peru winning: 0.395

Nigeria and Croatia
Winner: Nigeria
Probability of Nigeria winning: 0.609
Probability of Draw: 0.246
Probability of Croatia winning: 0.145

Serbia and Costa Rica
Winner: Costa Rica
Probability of Serbia winning: 0.307
Probability of Draw: 0.327
Probability of Costa Rica winning: 0.367

Mexico and Germany
Winner: Mexico
Probability of Mexico winning: 0.566
Probability of Draw: 0.284
Probability of Germany winning: 0.150
```

图 13-12　世界杯小组赛预测结果（9）

世界杯 16 强预测结果如图 13-13 和图 13-14 所示。

```
Russia and Spain
Winner: Russia
Probability of Russia winning: 0.506
Probability of Draw: 0.300
Probability of Spain winning: 0.195

Peru and Argentina
Winner: Peru
Probability of Peru winning: 0.734
Probability of Draw: 0.193
Probability of Argentina winning: 0.073

Switzerland and Germany
Winner: Switzerland
Probability of Switzerland winning: 0.684
Probability of Draw: 0.185
Probability of Germany winning: 0.132

Poland and Belgium
Winner: Poland
Probability of Poland winning: 0.516
Probability of Draw: 0.205
Probability of Belgium winning: 0.280
```

图 13-13　世界杯 16 强预测结果（1）

```
Uruguay and Portugal
Winner: Uruguay
Probability of Uruguay winning: 0.427
Probability of Draw: 0.291
Probability of Portugal winning: 0.283

Croatia and France
Winner: Croatia
Probability of Croatia winning: 0.472
Probability of Draw: 0.259
Probability of France winning: 0.269

Mexico and Brazil
Winner: Mexico
Probability of Mexico winning: 0.697
Probability of Draw: 0.207
Probability of Brazil winning: 0.096

Colombia and England
Winner: Colombia
Probability of Colombia winning: 0.509
Probability of Draw: 0.370
Probability of England winning: 0.121
```

图 13-14　世界杯 16 强预测结果（2）

世界杯 1/4 决赛预测结果如图 13-15 所示。

```
Probability of France winning: 0.436
Probability of Draw:  0.260
Probability of Portugal winning:  0.304


Spain and Argentina
Winner: Spain
Probability of Spain winning:  0.496
Probability of Draw:  0.286
Probability of Argentina winning:  0.218


England and Brazil
Winner: England
Probability of England winning:  0.492
Probability of Draw:  0.252
Probability of Brazil winning:  0.256


Belgium and Germany
Winner: Belgium
Probability of Belgium winning:  0.562
Probability of Draw:  0.269
Probability of Germany winning:  0.168
```

图 13-15　世界杯 1/4 决赛预测结果

世界杯半决赛预测结果如图 13-16 所示。

```
Portugal and Brazil
Winner: Portugal
Probability of Portugal winning:  0.709
Probability of Draw:  0.156
Probability of Brazil winning:  0.135


Argentina and Germany
Winner: Argentina
Probability of Argentina winning:  0.434
Probability of Draw:  0.274
Probability of Germany winning:  0.292
```

图 13-16　世界杯半决赛预测结果

世界杯决赛预测结果如图 13-17 所示。

```
Brazil and Germany
Winner: Germany
Probability of Brazil winning:  0.350
Probability of Draw:  0.241
Probability of Germany winning:  0.409
```

图 13-17　世界杯决赛预测结果

▶▶▶ 13.2 基于回归模型的 NBA 篮球赛预测 ▶▶▶

回归模型确定的变量之间的关系是相关关系，在大量的观察下，会表现出一定的规律性，可以借助函数关系式来表达，这种函数称为回归函数或回归方程。

13.2.1 案例基本信息

1. 案例涉及的基本理论知识点

线性回归是指通过使用最佳的拟合直线（又称回归线），建立因变量(Y)和一个或多个自变量(X)之间的关系。

2. 案例使用的平台、语言及库函数

平台：PyCharm。

语言：Python。

库函数：pandas、numpy、sklearn、tkinter、random、math、csv。

13.2.2 案例设计方案

本小节对本案例的基本思路及其创新点进行介绍。

1. 案例描述

基于2022—2023赛季 NBA 进入季后赛的16支球队的数据，对数据分别进行不处理、平滑处理，然后直接利用 sklearn 库中的回归模型（线性回归模型）对数据进行预测，得出结论。

2. 案例创新点

本案例一方面对数据分别进行了平滑和升维处理，通过对比实验，进一步得出结论；另一方面采用线性回归模型完成了回归任务。

13.2.3 案例实现

1. 案例数据样例或数据集

本案例使用 NBA 每支队伍每场比赛的数据作为数据集，数据维度为(4 793, 2)，其下载自 https://www.basketball-reference.com/leagues/NBA_2023.html#all_per_game_team-opponent。

本案例所用数据集部分截取如图 13-18 所示。

```
Rk,Team,G,MP,FG,FGA,FG%,3P,3PA,3P%,2P,2PA,2P%,FT,FTA,FT%,ORB,DRB,TRB,AST,STL,BLK,TOV,PF,PTS
1,San Antonio Spurs,82,240.3,35.7,81.8,0.436,6.6,19.9,0.331,29.1,61.9,0.47,14.9,19.6,0.758,9.1,31.4,40.5,20.8,7.2,3.9,14.8,19.5,92.9
2,Utah Jazz,82,243.4,35.6,79.9,0.446,7.9,22.2,0.357,27.7,57.7,0.48,16.8,22.5,0.746,9.3,30.8,40.1,19.1,8,4.7,14,19.9,95.9
3,Toronto Raptors,82,241.2,36.5,82.1,0.444,8.7,23.4,0.373,27.7,58.7,0.473,16.5,22.1,0.748,9.5,31.2,40.8,21.7,6.5,5.4,13.3,22,98.2
4,Cleveland Cavaliers,82,242.1,36.8,82.1,0.448,7.9,22.7,0.347,28.9,59.4,0.487,16.8,22.6,0.743,9.3,31.8,41,21.4,7.2,4.4,13.3,20.6,98.3
5,Miami Heat,82,241.8,37.2,84.3,0.442,7.4,21.2,0.347,29.9,63.1,0.474,16.5,21.5,0.77,9.8,31.5,41.3,20.2,7.5,4.1,12.9,19.6,98.4
6,Atlanta Hawks,82,241.8,37.1,86.1,0.432,8.3,24.5,0.338,28.9,61.6,0.469,16.7,22.1,0.755,11.5,35,46.5,22,8.6,5,16.1,18.3,99.2
7,Los Angeles Clippers,82,241.8,36.8,84.7,0.434,7.9,23.3,0.338,28.9,61.4,0.471,18.8,25.1,0.751,11.8,34.9,46.7,21.2,7.1,3.2,15.4,22.5,100.2
8,Indiana Pacers,82,242.4,37.4,84.9,0.44,8.3,24,0.334,29.1,60.1,0.484,17.4,23.2,0.751,10.7,33.8,44.5,25.8,7.7,4.5,15.8,20.4,100.5
9,Charlotte Hornets,82,242.1,37.8,85,0.444,8.9,25.4,0.349,28.9,59.6,0.485,16.3,21.2,0.769,8.5,38.4,47,23.2,6.5,5.5,13.5,20.4,100.7
10,New York Knicks,82,241.5,38,85.8,0.443,7.6,22.4,0.341,30.3,63.4,0.479,17.5,23.2,0.754,10.9,33.3,44.2,20.8,7.2,4.2,11.3,18.5,101.1
11,Memphis Grizzlies,82,241.8,35.9,78.8,0.456,9.7,26.6,0.365,26.2,52.1,0.503,19.7,25.7,0.768,10.1,33.1,43.2,21.9,7.5,7,16.2,21.1,101.3
12,Detroit Pistons,82,242.4,38.8,84.2,0.461,7.3,20.5,0.355,31.5,63.7,0.495,16.5,21,0.783,8.8,33.7,42.5,21.5,7.1,4.5,13.4,21.6,101.4
```

图 13-18 本案例所用数据集部分截取

2. 案例代码

首先对 NBA 球队数据进行平滑和升维处理，然后基于原始数据以及处理过的数据，在线性回归模型上进行结果预测，最后计算出预测结果。本案例的代码如下：

```python
import pandas
import math
import random
import csv
import numpy as np
from sklearn. model_selection import cross_val_score
from sklearn. linear_model import LogisticRegression
class NBA():
def _init_(self,Mstats,Ostats,Tstats,results_data,schedules):
self. base_elo=1600
self. team_elos={}
self. teams_stats={}
self. X=[]
self. y=[]
self. model=LogisticRegression()
self. Mstats=Mstats
self. Ostats=Ostats
self. Tstats=Tstats
self. results_data=results_data
self. schedules=schedules
self. prediction_results=[]
#运行用
def run(self):
#数据初始化
self. teams_stats=self. initialize_data(self. Mstats,self. Ostats,self. Tstats)
self. X,self. y=self. build_DataSet(self. results_data)
self. train_model()
print(' [INFO]:starting predict…' )
for index,row in self. schedules. iterrows():
team1=row[' Vteam' ]
team2=row[' Hteam' ]
pred=self. predict(team1,team2)
if pred[0][0] > 0. 5:
self. prediction_results. append([team1,team2,pred[0][0]])
else:
self. prediction_results. append([team2,team1,1- pred[0][0]])
return self. prediction_results
#数据初始化
def initialize_data(self,Mstats,Ostats,Tstats):
```

```
print(' [INFO]:Initialize Train Data…' )
#去除一些不需要的数据
initial_Mstats=Mstats. drop([' Rk' ,' Arena' ],axis=1)
initial_Ostats=Ostats. drop([' Rk' ,' G' ,' MP' ],axis=1)
initial_Tstats=Tstats. drop([' Rk' ,' G' ,' MP' ],axis=1)
#将 3 张表格通过 Team 属性列进行连接
temp=pandas. merge(initial_Mstats,initial_Ostats,how=' left' ,on=' Team' )
all_stats=pandas. merge(temp,initial_Tstats,how=' left' ,on=' Team' )
return all_stats. set_index(' Team' ,inplace=False,drop=True)
#建立数据集
def build_DataSet(self,results_data):
print(' [INFO]:Building DataSet…' )
X=[]
y=[]
for index,row in results_data. iterrows():
Wteam=row[' WTeam' ]
Lteam=row[' LTeam' ]
#获取 elo 值
Wteam_elo=self. get_team_elo(Wteam)
Lteam_elo=self. get_team_elo(Lteam)
#给主场比赛的队伍加上 100 的 elo 值
if row[' WLoc' ]==' H' :
Wteam_elo +=100
else:
Lteam_elo +=100
#elo 作为评价每支队伍的第一个特征值
Wteam_features=[Wteam_elo]
Lteam_features=[Lteam_elo]
#添加其他统计信息
for key,value in self. teams_stats. loc[Wteam]. items():
Wteam_features. append(value)
for key,value in self. teams_stats. loc[Lteam]. items():
Lteam_features. append(value)
#两支队伍的特征值随机分配
if random. random() > 0. 5:
X. append(Wteam_features + Lteam_features)
y. append(0)
else:
X. append(Lteam_features + Wteam_features)
y. append(1)
#根据比赛数据更新队伍的 elo 值
new_winner_rank,new_loser_rank=self. calc_elo(Wteam,Lteam)
self. team_elos[Wteam]=new_winner_rank
```

```python
self. team_elos[Lteam]=new_loser_rank
return np. nan_to_num(X),np. array(y)
#计算每支队伍的 elo 值
def calc_elo(self,win_team,lose_team):
winner_rank=self. get_team_elo(win_team)
loser_rank=self. get_team_elo(lose_team)
rank_diff=winner_rank - loser_rank
exp=(rank_diff *  - 1)/400
#winner 对 loser 的胜率期望
E_w_to_l=1/(1 + math. pow(10,exp))
#根据 rank 级别修改 K 值
if winner_rank < 2100:
K=32
elif winner_rank >=2100 and winner_rank < 2400:
K=24
else:
K=16
new_winner_rank=round(winner_rank + (K *  (1 - E_w_to_l)))
new_rank_diff=new_winner_rank - winner_rank
new_loser_rank=loser_rank - new_rank_diff
return new_winner_rank,new_loser_rank
#获取每支队伍的 elo 等级分
def get_team_elo(self,team):
try:
return self. team_elos[team]
except:
#初始 elo 值
self. team_elos[team]=self. base_elo
return self. team_elos[team]
#训练网络模型
def train_model(self):
print(' [INFO]:Trainning model…' )
self. model. fit(self. X,self. y)
#10 折交叉验证计算训练正确率
print(cross_val_score(self. model,self. X,self. y,cv=10,scoring=' accuracy' ,n_jobs=- 1). mean())
#用于预测
def predict(self,team1,team2):
features=[]
#team1 为客场队伍
features. append(self. get_team_elo(team1))
for key,value in self. teams_stats. loc[team1]. items():
features. append(value)
```

```
#team2 为主场队伍
features. append(self. get_ team_ elo(team2)+100)
for key,value in self. teams_ stats. loc[team2]. items():
features. append(value)
features=np. nan_ to_ num(features)
return self. model. predict_ proba([features])
if __name__=='__main__':
#综合统计数据
Mis_ Stats=pandas. read_ csv(' 16- 17Miscellaneous_ Stats. csv' )
#每支队伍的对手平均每场比赛的表现统计
Opp_ Stats=pandas. read_ csv(' 16- 17Opponent_ Per_ Game_ Stats. csv' )
#每支队伍平均每场比赛的表现统计
Tea_ Stats=pandas. read_ csv(' 16- 17Team_ Per_ Game_ Stats. csv' )
#2016—2017 年每场比赛的数据集
results_ data=pandas. read_ csv(' 2016- 2017_ results. csv' )
#2017—2018 年比赛安排
schedule16_ 17=pandas. read_ csv(' 17- 18Schedule. csv' )
pred_ results=NBA(Mis_ Stats,Opp_ Stats,Tea_ Stats,results_ data,schedule16_ 17). run()
print(' [INFO]:start saving pred results…' )
with open(' 17- 18Result. csv' ,' w' ) as f:
writer=csv. writer(f)
writer. writerow([' winner' ,' loser' ,' probability' ])
writer. writerows(pred_ results)
f. close()
print(' [INFO]:All things done…' )
```

3. 案例结果

上述代码的运行结果如图 13-19、图 13-20 所示。

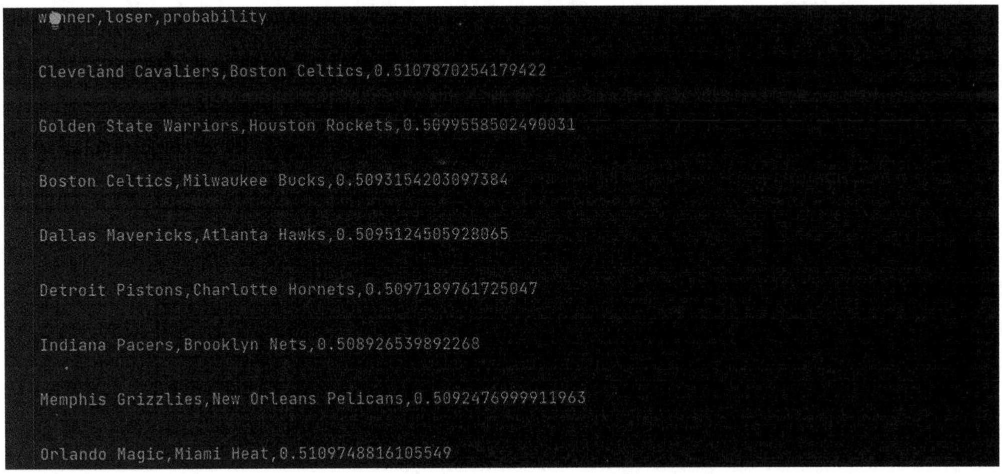

```
winner,loser,probability

Cleveland Cavaliers,Boston Celtics,0.5107870254179422

Golden State Warriors,Houston Rockets,0.5099558502490031

Boston Celtics,Milwaukee Bucks,0.5093154203097384

Dallas Mavericks,Atlanta Hawks,0.5095124505928065

Detroit Pistons,Charlotte Hornets,0.5097189761725047

Indiana Pacers,Brooklyn Nets,0.508926539892268

Memphis Grizzlies,New Orleans Pelicans,0.5092476999911963

Orlando Magic,Miami Heat,0.5109748816105549
```

图 13-19　基于回归模型的 NBA 篮球赛案例代码的运行结果(1)

```
Vteam,Hteam,
Boston Celtics,Cleveland Cavaliers,
Houston Rockets,Golden State Warriors,
Milwaukee Bucks,Boston Celtics,
Atlanta Hawks,Dallas Mavericks,
Charlotte Hornets,Detroit Pistons,
Brooklyn Nets,Indiana Pacers,
New Orleans Pelicans,Memphis Grizzlies,
Miami Heat,Orlando Magic,
Portland Trail Blazers,Phoenix Suns,
Houston Rockets,Sacramento Kings,
Minnesota Timberwolves,San Antonio Spurs,
Denver Nuggets,Utah Jazz,
Philadelphia 76ers,Washington Wizards,
Los Angeles Clippers,Los Angeles Lakers,
```

图 13-20　基于回归模型的 NBA 篮球赛案例代码的运行结果(2)

本章小结

本章主要介绍了机器学习用逻辑回归算法解决实际问题的案例,对 2023 年世界杯和 2022—2023 赛季 NBA 季后赛进行了预测,并且在各个小节中均采用了多种不同的回归算法进行对比,说明了哪个领域用哪种回归算法合适且有效。

本章习题

1. 逻辑回归通常用于(　　)。

A. 预测分类结果的概率值　　　　　　B. 预测连续型变量的值

C. 对数据进行聚类分析　　　　　　　D. 对数据进行异常检测

2. 简述线性回归、多项式回归、逻辑回归的优缺点。

3. 请举例说明线性回归、多项式回归、逻辑回归在解决实际问题中的应用。

4. 在实际应用中,如何处理缺失值或异常值?这些处理方法对模型的性能有何影响?

习题答案

1. A。

2. 线性回归的优点是计算简单、解释性强,缺点是容易受到异常值的影响;多项式回归的优点是可以拟合非线性关系,缺点是模型复杂度高、计算量较大;逻辑回归的优点是可以进行分类和概率估计,缺点是只能处理二元分类问题。

3. 线性回归常用于预测连续型变量,多项式回归常用于预测非线性关系较强的连续型变量,逻辑回归常用于分类问题。

4. 对于缺失值或异常值的处理,可以使用插补、删除等方法进行处理,这些处理方法可能会影响模型的性能,需要根据具体情况选择合适的方法。

第 14 章

航班预测

章前引言

航班预测系统是一种利用大数据分析和人工智能技术，对航班运行情况进行预测和管理的系统。它可以帮助航空公司更好地规划航班、安排机组人员、准备机场资源等，从而提高运营效率、降低成本、提高客户满意度。随着全球经济的不断发展和航空市场的不断繁荣，航班数量和频率也在不断增加。然而，航班运行过程中受到多种因素的影响，如天气、空中交通管制、机场容量等，这些因素的不确定性使航班预测和管理变得尤为重要。因此，建立一个可靠的航班预测系统，可以帮助航空公司更好地应对市场变化和不确定性，提高运营效率和客户满意度，为航空公司的可持续发展提供有力支持。

教学目的与要求

学习如何对航班数据进行预处理、特征选择、模型构建及评估；掌握使用 Python 及相关工具库的能力；协作完成任务，锻炼团队合作精神。

学习重点

1. 理解航班预测系统的背景和意义，包括其在航空运输领域中的应用价值以及对决策制定的重要性。

2. 掌握机器学习算法在航班预测系统中的应用，包括数据预处理、特征选择、模型构建等环节，并能够根据实际情况选择合适的算法进行预测。

3. 能够使用 Python 及相关工具库(如 sklearn、pandas、numpy 等)实现航班预测系统，并能够对预测结果进行评估与优化。同时需要有良好的团队协作能力，能够与其他成员协作完成项目任务。

学习难点

1. 数据预处理。清洗、缺失值填充和异常值处理，需要花费大量时间和精力。

2. 特征选择。从众多特征中选取对模型有重要影响的特征，需要考虑特征之间的相关性和对目标变量的贡献度。

3. 模型优化。对于不同的算法，需要进行参数调整和用交叉验证等方法来提高预测准确率。

素养目标

1. 提高编程能力，具备编程实践能力。
2. 加强实践能力，提升数据科学素养。
3. 具备较强的数据处理和数据分析能力，避免数据分布不平衡导致结果偏差较大。

▶▶▶ 14.1 案例基本信息 ▶▶ ▶

随着航空出行需求不断增长，航班量日益增多，航班延误现象也日趋严重。航班延误对航空公司、机场、旅客及相关行业一直有着巨大的影响。随着民航产业和大数据技术的发展，各行业对航班延误预测的准确性和提前期也有了越来越高的要求。

随着互联网+概念的不断延展，挖掘大数据的价值已经成为各行业发展的必然趋势。用大数据技术预测航班延误能够做到动态、准确、真实地预测延误率，可以帮助机场提前做好应急预案，减少延误滞留，挽回航空公司大量直接的经济损失，提前通知消费者及时变更出行计划等。

1. 案例涉及的基本理论知识点

（1）LightGBM 分类器。

LightGBM 基于梯度提升树（Gradient Boosting Decision Tree）的思想。梯度提升树是一种集成学习方法，通过串行训练多棵决策树来进行预测。每棵决策树都是基于前一棵决策树的残差进行训练的。

LightGBM 的核心思想是基于直方图的决策树算法，它通过对特征值进行离散化并构建直方图来减少内存使用和加快训练速度。直方图的决策树算法可以对特征值进行离散化，并根据直方图进行决策树的分裂，以减少计算复杂度。

LightGBM 还使用了一种称为 Leaf-wise（叶子节点生长策略）的分裂方式，与传统的 Level-wise（层级生长策略）相比，它可以更加高效地生长树。Leaf-wise 每次选择使目标函数下降最多的分裂点，从而提高训练速度和预测性能。

（2）Catboost 分类器。

Catboost 是一种特别适用于处理类别特征的梯度提升树模型。它可以自动处理类别特征，无须进行额外的特征编码。Catboost 将类别特征编码为数值型特征，并采用了一种基于统计方法的特征频率编码和目标均值编码来处理类别特征的表示。

对称二阶导数加速是 Catboost 的一项重要技术。在训练过程中，Catboost 使用对称二阶导数来估计分裂点的质量，并进行分裂点的选择。对称二阶导数可以更准确地估计梯度方向，从而提高模型的训练效率和性能。

Catboost 还采用了一种称为有序目标统计（Ordered Target Statistics）的方法，用于处理类别特征的目标编码。它根据类别特征值的排序和目标变量的统计信息，计算每个类别特征值的目标变量的均值，从而更好地利用类别特征的信息。

2. 案例使用的平台、语言及库函数

平台：PyCharm、Jupyter。

语言：Python。

库函数：sklearn、xgboost、pandas、seaborn、matplotlib。

▶▶▶ 14.2 案例设计方案 ▶▶▶

本节主要对航班预测系统的步骤及其创新点进行介绍。

1. 案例描述

本案例基于历史航班运行数据，使用相应的算法模型，预测一个机场在未来 7 天的各个航班起飞的准点率和总体的准点率。模型总设计流程如图 14-1 所示，模型融合思想如图 14-2 所示。

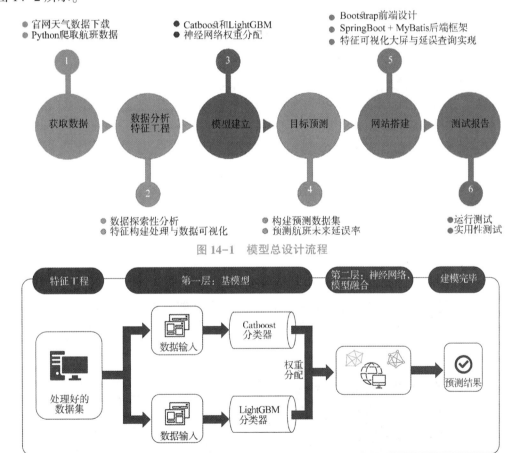

图 14-1 模型总设计流程

图 14-2 模型融合思想

模型建立完毕，使用机器学习来对机场未来 7 天航班的延误率进行预测，并将结果存储到 MySQL 数据库中，这里的数据库设计与数据挖掘过程与 DataFrame 表中的格式是类似的，可以根据 Python 中数据表的类型在数据库中完成相应的设计。航班计划数据表的 E-R

图如图 14-3 所示。

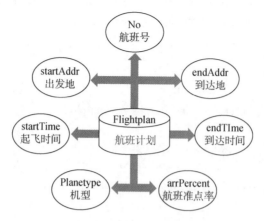

图 14-3　航班计划数据表的 E-R 图

2. 案例创新点

为了方便用户与预测模型的交互，本案例做了一个前端页面。用户在网页中输入航班号后，可以获得该趟航班的准点率。用户界面设计主要实现航班延误率特征可视化大屏和用户查询航班准点率的页面，通过在后端获取数据库的数据来渲染到前端页面，保证用户交互性设计的两个功能页，分别如图 14-4 和图 14-5 所示。

图 14-4　用户航班准点率查询页面

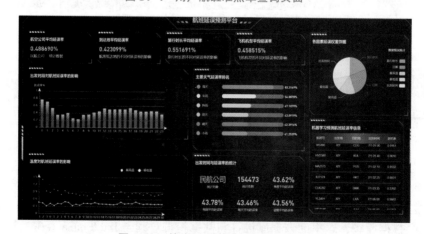

图 14-5　航班延误率特征可视化大屏

▶▶ 14.3 案例实现 ▶▶▶

1. 案例数据样例或数据集

航班数据的获取主要是基于 Python 语言，采用爬虫技术中的 selenium 工具，模拟用户操作浏览器，对网页数据进行爬取，并利用 Excel 进行直接存储，然后对数据进行梳理和清洗，删除缺失值和停用词，得到所需要的数据格式，并导出为"民航.csv"文件。

从天气网上下载到大连市 2019 年 1 月到 7 月的天气数据，导出为"大连天气.csv"文件。

数据集为"航班信息.csv"文件，该文件为一个包含 154 473 行数据的表格，每行数据有 9 个字段，分别是航班号、出发地、到达地、机型、计划起飞时间、计划到达时间、实际起飞时间、实际到达时间、进出港类型。航班信息数据集如图 14-6 所示。

	航班号	出发地	到达地	机型	计划起飞时间	计划到达时间	实际起飞时间	实际到达时间	进出港类型
0	HV2380	XIY	KUL	A330	2019/1/1 0:30	2019/1/1 5:40	2019/1/1 0:39	2019/1/1 5:59	出港
1	IU6364	XIY	DMK	B737	2019/1/1 1:35	2019/1/1 5:30	2019/1/1 1:40	2019/1/1 5:17	出港
2	IU5438	XIY	HKT	B737	2019/1/1 1:35	2019/1/1 6:35	2019/1/1 3:18	2019/1/1 7:51	出港
3	YL3490	XIY	LXA	A319	2019/1/1 6:00	2019/1/1 9:35	2019/1/1 6:14	2019/1/1 9:27	出港
4	VQ9682	XIY	KHN	A319	2019/1/1 6:10	2019/1/1 7:50	2019/1/1 6:18	2019/1/1 7:52	出港

图 14-6 航班信息数据集

图 14-6 中并未标注航班是否延误的信息，需要根据计划起飞时间和实际起飞时间自行计算。

因为只用进行出港延误率的预测，所以这里初步决定只分析出港飞机的数据。暂且忽略进港飞机的数据，忽略掉这部分数据之后，数据集体积将缩小一半。

在这些数据中，有两个字段是无用字段，即出发地、进出港类型。这两个字段每一行的取值都是相等的，应该直接忽略掉。

2. 案例代码

本案例的代码如下：

```
from sklearn. model_selection import train_test_split #随机抽样，交叉验证
X,X_test_nn,y,y_test_nn=train_test_split(X,y,test_size=0. 15,random_state=15)
X_train,X_test,y_train,y_test=train_test_split(X,y,test_size=0. 15,random_state=15)#random_state=0
y_train=y_train. reshape(-1)    #一列改成了一行，降维度，二维改一维
y_test=y_test. reshape(-1)
df_preds=pd. DataFrame() #见表格
#基分类器：Catboost 分类器 LightGBM 分类器
#经过对数据集的多次训练验证，寻到了一组比较合理的参数，这里直接使用调好的参数
In[21]
```

```
import catboost as cb    #Catboost 分类器最新提出随机组合，本质为两两组合
from sklearn. metrics import accuracy_score
model_cat=cb. CatBoostClassifier(iterations=600,#训练 600 次
                                 depth=7,
                                 learning_rate=0. 1,
                                 logging_level=' Silent',
                                 random_state=18
                                 ) #1. 防止过拟合；2. 学习率逐次试验，调整正确率；3. 不输出
日志
model_cat. fit(X_train,y_train)
preds_class=model_cat. predict(X_test)
print(' 正确率:%. 2f%%' % (accuracy_score(y_test,preds_class)* 100) ) #预测的和真实的比较一下
#将测试集 1 的概率计算出来存入预测表格
df_preds[' cat' ]=model_cat. predict_proba(X_test)[:,1]#转成列
Out[21]
#正确率：70. 13%
#基分类器：LightGBM 分类器
In[22]
#LightGBM 分类器
import lightgbm as lgb
lgb_train=lgb. Dataset(X_train,y_train) #转格式，分别是训练和测试
lgb_eval=lgb. Dataset(X_test,y_test,reference=lgb_train)
params={#调参数
    ' task' : ' train' ,
    ' boosting_type' : ' gbdt' ,#gbdt、rf、datr、goss
    ' objective' : ' regression' ,#模型类型 regression、binary
    ' metric' : {' l2' ,' auc' },#metric(评估指标)
    ' num_leaves' : 31,
    ' learning_rate' : 0. 05,
    ' bagging_freq' : 5,#为了加快速度
}#参数
#训练
model_lgb=lgb. train(params,
                    lgb_train,
                    num_boost_round=2000,
                    valid_sets=lgb_eval,
                    early_stopping_rounds=5,
                    verbose_eval=False
                    )
#预测数据集
y_pred=model_lgb. predict(X_test,num_iteration=model_lgb. best_iteration)#0～1 的延误率分布
result=[round(x) for x in y_pred] #变成 0、1
```

```
print(' 正确率:%.2f%%' % (accuracy_score(y_test,result)* 100) )
#将预测的概率存入表格
df_preds[' lgb' ]=y_pred
```

Out[22]
```
'''
```
正确率:69.83%

7.4 构造神经网络的训练数据

从上面的输出结果可以看出，两个基分类器各自分类的结果都在70%左右

我们将两个分类器对同一组数据的预测结果和真实的标签值整合到一起之后，就得到了下面这张表格

表格第一列和第二列分别是两个分类器预测出来的概率值，这两列将作为神经网络的输入值

第三列是这组数据真实的标签值，在训练神经网络的过程中，这组数据作为标签值
```
'''
```
In[23]
```
df_preds[' real' ]=np.array(y_test);df_preds. head()
```

Out[23]
```
'''
```
使用神经网络寻找权重

传统的权重的寻找算法依靠手工计算规律并预估效果，由人力去寻找权重并不是一个适宜的方案，所以这里并未直接使用"结果=变量1权重1+变量2权重2"这个公式，而是直接使用神经网络进行权重分配
```
'''
```
In[24]
```
#使用 keras 提取权重
from keras. models import Sequential
from keras. layers import Dense
import numpy
numpy. random. seed(70)
X_train_nn=df_preds[[' cat' ,' lgb' ]]
y_train_nn=df_preds[[' real' ]]
#搭建神经层
model_nn=Sequential()#建立模型
layer1=Dense(10,input_dim=2,activation=' relu' ,name=' layer1' )#输入数据
model_nn. add(layer1)
#model_nn. add(Dense(30,activation=' relu' ))
layer2=Dense(1,activation=' sigmoid' )#计算
model_nn. add(layer2)
#编译模型
model_nn. compile(loss=' binary_crossentropy' ,optimizer=' adam' ,metrics=[' accuracy' ])
#训练模型
model_nn. fit(X_train_nn,y_train_nn,validation_split=0. 2,epochs=3000,batch_size=20000,verbose=0)
#交叉验证、训练次数 3000、输出精度
```
Out[24]

'''
7.6 验证完整模型效果
将神经网络训练好之后，使用测试集2进行整个模型的预测（两个基模型+神经网络）
测试权重的分配是否对预测性能有所提升
这里的 X_test_nn 是测试集2的特征集
y_test_nn 是测试集2的标签集
'''
In[25]
temp_pred_cat=model_cat. predict_proba(X_test_nn)

temp_pred_lgb=model_lgb. predict(X_test_nn)

df_preds2=pd. DataFrame()

df_preds2[' cat']=temp_pred_cat[:,1]

df_preds2[' lgb']=temp_pred_lgb

df_preds2[' real']=y_test_nn

df_preds2. head()

Out[25]
'''
X_test_nn 这个特征集经过两个基模型的处理之后，得到两个概率序列，将两个概率序列和真实
的标签值组合在一起，得到一张表格
把这张表格的 cat 和 lgb 两个字段输入神经网络，得到神经网络输出的最终概率序列
把这个序列也添加到表格中
'''
In[26]
#使用神经网络进行权重分配，获取最终分类结果
nn_pred=model_nn. predict_proba(df_preds2[[' cat' ,' lgb']])

df_preds2[' 组合结果']=nn_pred

df_preds2[' class']=df_preds2[' 组合结果']. apply(lambda x: int(round(x))) #round 小于 0.5 就是 0

df_preds2. head()

Out[26]
In[27]
acc=accuracy_score(df_preds2[' class'],df_preds2[' real'])

print(' 组合预测的正确率为 %. 2f%%' % (acc* 100)) #对比准确率

Out[27]
'''

组合预测的正确率为 70.46%
结论
把组合的结果从概率转换成类别，根据标签计算组合的正确率
发现正确率比两个基模型单独使用的情况下都高
证实这个模型是有一定可行性的
实现与结论
根据1月到6月的航班延误情况，预测接下来7天内的起飞准点率，即7月第一周的准点率

了解得知，7月第一周的时刻表与前一周的时刻表是一样的，所以在这里就使用6月24号到6月30号的数据来构造7月第一周的时刻表
'''

In[28]

```python
df_7=df.copy() #单独输出表格
df_7=df_7[
    (df_7['日期']=='2019/6/24') |
    (df_7['日期']=='2019/6/25') |
    (df_7['日期']=='2019/6/26') |
    (df_7['日期']=='2019/6/27') |
    (df_7['日期']=='2019/6/28') |
    (df_7['日期']=='2019/6/29') |
    (df_7['日期']=='2019/6/30')
]
df_7=df_7.drop(columns=['天气','延误','天气_num'])
df_7['temp']=df_7['计划起飞时间'].apply(lambda x: datetime.datetime.strptime(str(x),'%Y/%m/%d %H:%M')+datetime.timedelta(days=7))
df_7['temp2']=df_7['计划到达时间'].apply(lambda x: datetime.datetime.strptime(str(x),'%Y/%m/%d %H:%M')+datetime.timedelta(days=7))
df_7['计划起飞时间']=df_7['temp'].apply(lambda x: x.strftime('%Y%m%d %H:%M'))
df_7['计划到达时间']=df_7['temp2'].apply(lambda x: x.strftime('%Y%m%d %H:%M'))
df_7['几月']=df_7['temp'].apply(lambda x: x.month)
df_7['几号']=df_7['temp'].apply(lambda x: x.day)
df_7['第几周']=df_7['temp'].apply(lambda x: x.isocalendar()[1])
df_7['星期几']=df_7['temp'].apply(lambda x: x.isoweekday())
df_7=pd.merge(df_7,weather,on='日期')
df_7['天气_num']=df_7['天气'].apply(lambda x: int(le_weat.transform([x])[0]))
df_7=df_7.drop(columns=['temp','temp2','日期'])
df_7.head()
```

Out[28]

```python
#构造好时刻表之后，从中复制出一张子表，将子表作为测试集送入组合模型进行预测
```

In[29]

```python
X_7=df_7[['航空公司_num','到达地_num','出发时间段','天气_num','几号','星期几']]
X_7.head()
```

Out[29]

In[30]

```python
temp_pred_cat=model_cat.predict_proba(X_7)   #cat分类器
temp_pred_lgb=model_lgb.predict(X_7)          #lgb分类器
df_preds7=pd.DataFrame()
df_preds7['cat']=temp_pred_cat[:,1]
df_preds7['lgb']=temp_pred_lgb
```

```
nn_pred=model_nn.predict_proba(df_preds7[['cat','lgb']])#使用神经网络进行权重分配，获取最终
分类结果
df_preds7['组合结果']=nn_pred
df_preds7['延误']=df_preds7['组合结果'].apply(lambda x: int(round(x)))
df_preds7.head()
```

Out[30]

#预测完成后，把预测结果与7月初的时刻表拼接起来，去除不关心的字段，导出成一个CSV文件

In[31]

```
df_7['延误']=df_preds7['延误'].copy()
df_7['预测延误概率']=df_preds7['组合结果'].copy()
df_7=df_7.drop(columns=['几号','几月','第几周','星期几','最高温','最低温','风向','风力'])
df_7.to_csv('./csv/七天内的预测结果.csv',encoding='utf-8',index=False)
df_7.to_csv('./csv/七天内的预测结果(gbk编码,方便windows查看).csv',encoding='gbk',index=False)
df.to_csv('./csv/表格_前端统计用.csv',encoding='utf-8',index=False)   #前端页面依靠生成的这
两张表格运行
df_7.head()
```

Out[31]

3. 案例结果

上述代码的运行结果如图14-7所示。

	cat	lgb	real
0	0.383646	0.363738	1
1	0.131049	0.178837	1
2	0.174881	0.201454	0
3	0.177191	0.176442	0
4	0.429016	0.436027	

	cat	lgb	real
0	0.452843	0.484534	0
1	0.328045	0.341043	0
2	0.513355	0.512028	1
3	0.340926	0.366447	1
4	0.635285	0.588589	1

	cat	lgb	real	组合结果	class
0	0.452843	0.484534	0	0.471942	0
1	0.328045	0.341043	0	0.294342	0
2	0.513355	0.512028	1	0.537157	1
3	0.340926	0.366447	1	0.316808	0
4	0.635285	0.588589	1	0.674749	1

	航空公司_num	到达地_num	出发时间段	天气_num	几号	星期几
0	24	12	0	7	1	1
1	45	16	1	7	1	1
2	15	85	1	7	1	1
3	33	113	2	7	1	1
4	21	57	2	7	1	1

	航班号	到达地	机型	计划起飞时间	计划到达时间	旅程时长	航空公司	出发时间段	航空公司_num	到达地_num	天气	天气_num	延误	预测延误概率
0	JH1282	BKK	A321	20190701 00:45	20190701 04:45	4	JH	0	24	12	阴	7	1	0.859468
1	VI5380	CDG	A330	20190701 01:00	20190701 12:25	11	VI	1	45	16	阴	7	1	0.916053
2	HV2380	KUL	A330	20190701 01:40	20190701 06:55	5	HV	1	15	85	阴	7	1	0.900702
3	MA2375	PUS	A320	20190701 02:10	20190701 05:35	3	MA	2	33	113	阴	7	1	0.852860
4	IU7174	HKT	B739	20190701 02:25	20190701 07:05	4	IU	2	21	57	阴	7	1	0.882699

图14-7　航班预测系统案例代码的运行结果

经过统计得出未来 7 天(也就是 7 月 1 号到 7 月 7 号)的总延误率为 51.54%,从而可知 7 月 1 号到 7 月 7 号的航班总准点率为 100% - 51.54% = 48.46%。

至此就完成了 7 天内各个航班准点率以及机场总体准点率的预测。

本章小结

本章主要介绍了航班预测系统,首先讨论了预测航班延误的重要性和挑战,然后介绍了机器学习的基本概念和常用算法,如 Catboost 分类器、LightGBM 分类器、神经网络等,还详细探讨了如何使用特征工程来提取有意义的特征,最后讨论了数据清洗和预处理的技术。

本章提供了一个全面的指南,介绍了如何使用深度学习来预测航班延误率,并提供了实用的技术和工具来帮助读者构建高效、可靠的预测系统。这些技术和工具不仅适用于航空业,还可以应用于其他领域的预测问题。

本章习题

1. 以下(　　)不是数据预处理的步骤。

A. 清洗　　　　　　　　　　　　B. 特征选择

C. 缺失值填充　　　　　　　　　D. 异常值处理

2. 在进行特征选择时,(　　)可以用来评估特征的重要性。

A. 主成分分析　　　　　　　　　B. Pearson 相关系数

C. 方差分析　　　　　　　　　　D. 决策树模型

3. 下列不属于回归算法的是(　　)。

A. K 最近邻算法　　　　　　　　B. 决策树算法

C. 支持向量机算法　　　　　　　D. 随机森林算法

4. 简述机器学习算法中的决策树模型。

5. 简述 K 最近邻算法的原理及其在航班预测系统中的应用。

习题答案

1. B。　2. D。　3. A。

4. 决策树模型是一种基于树结构的分类和回归算法,将数据集划分为多个小的子集,并在每个子集上递归地应用决策树算法。在航班预测系统中,决策树模型可以用来选择重要特征,作为其他机器学习算法的输入。

5. K 最近邻算法是一种基于实例的学习方法,根据新样本与已知样本之间的距离计算出它们之间的相似度,再从已知类别的样本中选择 k 个距离最近的样本,通过这些样本的类别来预测新样本的类别。在航班预测系统中,K 最近邻算法可以用来处理无标签的数据,例如对于某些未知的航班信息,可以利用已有的数据集中与其距离最近的 k 个样本的标签进行预测。

第 15 章

天气预测

章前引言

随着科技的不断发展，人工智能已经开始改变我们的生活。未来，越来越多的人会使用人工智能，人工智能可以用来解决我们生活中的问题。天气预测是其中的一个实例，它已经在我们的生活中占有了重要的位置。Python 作为一种高级编程语言，已经逐渐成为实现天气预测的默认语言之一。

教学目的与要求

学习如何使用 Python 编写天气预测模型；掌握 Python 的基础知识和编程能力，并深入了解机器学习中的一些基础知识，如数据预处理、特征提取、模型训练和预测等。

学习重点

1. Python 的基本语法和编程技巧。
2. 机器学习中的一些基础知识，如数据预处理、特征提取、模型训练和预测等。
3. 天气预测的基本原理，并使用 Python 编写相应的程序。

学习难点

1. 机器学习中的一些基础概念和算法可能较为复杂，需要进行详细的讲解和实践。
2. 如何获取、处理和分析大量的天气数据，需要进行多方面的思考和实践。
3. 如何使用 Python 编写相应的天气预测模型，并进行优化，需要反复实践和调试。

素养目标

1. 培养自主学习的能力，成为具有独立思考和解决问题能力的人才。

2. 培养合作学习和多元化思维的能力，能够充分利用各种资源和人脉关系，并进行多维度的思考。

3. 培养运用计算机科学理论和技术的能力，了解如何使用计算机科学知识来解决实际的问题。

▶▶▶ 15.1 案例基本信息 ▶▶ ▶

本案例将对一元线性回归模型、多项式回归模型和逻辑回归模型所用到的基本理论知识进行简单介绍，并将3种回归模型应用到天气预测上，以便读者能够更深入地了解线性回归和岭回归。

1. 案例涉及的基本理论知识点

一元线性回归，多项式回归，逻辑回归。这些模型前面已经多次介绍过，此处不再赘述。

2. 案例使用的平台、语言及库函数

平台：PyCharm。

语言：Python。

库函数：linear_model、numpy、pandas、model_selection、matplotlib。

▶▶▶ 15.2 案例设计方案 ▶▶ ▶

1. 案例描述

近年来，公众的环保意识增强，空气质量成为一项全民关注的话题，预测未来空气中的PM2.5浓度和对比评估空气质量预测模型有着十分重要的意义。

首先收集太谷区过去一段时间（过去一年每个月的平均值）的空气质量（PM2.5值），然后构建回归模型，并找出最优的、能够预测今年某个月的空气质量值的模型。本案例技术路线图如图15-1所示（多项式回归流程略）。

整体流程：

一元线性回归模型：将样本集按照3∶1的比例来划分训练集和测试集。结果有很大的误差性，所以线性回归不适用

多项式回归模型：构造多项式回归，将数据进行多项式回归，得到一个多项式来较好地拟合训练集的曲线

逻辑回归模型：将得到的样本集进行预处理，0表示天气状态良好，1表示天气状态差，进行基本的二分类逻辑训练

图 15-1 本案例技术路线图

一元线性回归流程：

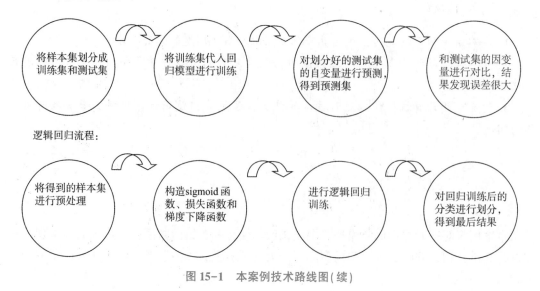

逻辑回归流程：

图 15-1 本案例技术路线图(续)

2. 案例创新点

在 3 种回归模型中找到预测准确率最高的一种模型，以此来更精准地预测空气质量。

▶▶| 15.3 案例实现 ▶▶ ▶

1. 案例数据样例或数据集

(1)一元线性回归、多项式回归的部分数据如下。

month，PM2.5

1，85.67741935

2，84.42857143

3，61.19354839

4，50.7

5，39.41935484

6，42.16666667

7，31.35483871

8，25.80645161

9，34.83333333

(2)逻辑回归的部分数据如下。

X0，X1，Y

180，195，1

155，164，1

85，88，1

78，107，1

67，82，0

$$76，148，1$$
$$94，127，1$$
$$58，97，0$$
$$54，83，0$$

2. 案例代码

一元线性回归的代码如下：

```
#导入数值计算库
import numpy as np
#导入科学计算库
import pandas as pd
#导入机器学习 linear_model 库
from sklearn import linear_model
#导入交叉验证 model_selection 库
from sklearn import model_selection
#导入图表库
import matplotlib.pyplot as plt
#读取数据
datalist=pd.read_csv('lineardata.csv')
X=datalist.iloc[:,  :1].values
Y=datalist.iloc[:,1].values
print(datalist)
#格式调整
X=np.array(datalist[['month']])#将月份数设为自变量 X
Y=np.array(datalist['PM2.5'])#PM2.5 设为因变量 Y
X.shape,Y.shape #查看自变量和因变量的行数
#设置图表字体为华文细黑，字号为11
plt.rc('font',family='STXihei',size=11)
#绘制散点图，月份数 X，PM2.5Y，设置颜色，标记点样式和透明度等参数
plt.scatter(X,Y,30,color='red',marker='x',linewidth=2,alpha=0.8)
plt.xlabel('月份')#添加 x 轴标题
plt.ylabel('PM2.5 值')#添加 y 轴标题
plt.title('2021 年月份与 PM2.5 关系分析')#添加图表标题
#设置背景网格线颜色，样式，尺寸和透明度
plt.grid(color='#95a5a6',linestyle='--',linewidth=1,axis='both',alpha=0.4)
plt.show()#显示图表
#划分数据
X_train,X_test,y_train,y_test=model_selection.train_test_split(X,Y,test_size=0.25,random_state=0)
#查看训练集数据的行数
print('训练集的行数:')
print(X_train.shape,y_train.shape)
```

```
#将训练集代入一元线性回归模型
clf=linear_model. LinearRegression()
clf. fit (X_train,y_train)
clf. coef_#线性回归模型的斜率
clf. intercept_#线性回归模型的截距
#判定系数 R
clf. score(X_train,y_train)
print(' 判定系数 R:' )
print(clf. score(X_train,y_train))
#显示测试集的因变量
print(' 测试集因变量:' )
print(list(y_test))
#将测试集的自变量代入一元线性回归模型显示预测集的因变量
pred=list(clf. predict(X_test))
print(' 预测集因变量:' )
print(pred)
#训练结果的可视化
plt. scatter(X_train,y_train,color=' red' )
plt. plot(X_train,clf. predict(X_train),color=' blue' )
plt. show()
#测试结果的可视化
plt. scatter(X_test,y_test,color=' red' )
plt. plot(X_test,clf. predict(X_test),color=' green' )
plt. show()
#计算误差平方和
print(' 误差平方和:' )
print(((y_test - clf. predict(X_test)) * * 2). sum())
#返回预测性能得分
print(' Score:%. 2f' % clf. score(X_test,y_test))
```

多项式回归的代码如下：

```
import matplotlib. pyplot as plt
import numpy as np
x=np. arange(1,13,1)
y=np. array([85. 67741935,84. 42857143,61. 19354839,50. 7,39. 41935484,42. 16666667,
31. 35483871,25. 80645161,34. 83333333,40. 2,64. 66666667,91. 35483871])
z1=np. polyfit(x,y,8)#用二次多项式拟合
p1=np. poly1d(z1)
print("拟合多项式为:")
print(p1) #在屏幕上打印拟合多项式
yvals=p1(x)#也可以使用 yvals=np. polyval(z1,x)
```

```
plot1 = plt. plot(x,y,' * ',label = ' truth pm2. 5' )
plot2 = plt. plot(x,yvals,' r' ,label = ' fitting pm2. 5' )
plt. xlabel(' month' )
plt. ylabel(' PM2. 5' )
plt. legend(loc = 4)#指定 legend 的位置
plt. rcParams[' font. sans- serif' ] = [' SimHei' ]
plt. rcParams[' axes. unicode_minus' ] = False
plt. title(u' 2022 年太谷区月份与 PM2. 5 值关系' )
plt. show()
```

逻辑回归的代码如下：

```
import pandas as pd
from matplotlib import pyplot as plt
plt. rcParams[' font. sans- serif' ] = [' SimHei' ]
plt. rcParams[' axes. unicode_minus' ] = False
df = pd. read_csv("logisticdata. csv",header = 0) #加载数据集
df. head() #预览前 5 行数据
print(df)
plt. figure(figsize = (10,6))
plt. scatter(df[' X0' ],df[' X1' ],c = df[' Y' ])
plt. title(' 2021 年太谷区空气状态' )
plt. show()
#sigmoid 分布函数
def sigmoid(z):
sigmoid = 1/(1 + np. exp(-z))
return sigmoid
#损失函数
def loss(h,y):
loss = (-y *  np. log(h) - (1-y) *  np. log(1-h)). mean()
return loss
#梯度计算
def gradient(X,h,y):
gradient = np. dot(X. T,(h-y))/y. shape[0]
return gradient
#逻辑回归过程
def Logistic_Regression(x,y,lr,num_iter):
intercept = np. ones((x. shape[0],1))  #初始化截距为 1
x = np. concatenate((intercept,x),axis = 1)
w = np. zeros(x. shape[1])  #初始化参数为 0
for i in range(num_iter):  #梯度下降迭代
z = np. dot(x,w)  #线性函数
h = sigmoid(z)  #sigmoid 函数
g = gradient(x,h,y)  #计算梯度
```

```
    w - =lr * g    #通过学习率 lr 计算步长并执行梯度下降
    z=np. dot(x,w)    #更新参数到原线性函数中
    h=sigmoid(z)    #计算 sigmoid 函数值
    l=loss(h,y)    #计算损失函数值
    return l,w    #返回迭代后的梯度和参数
import numpy as np
x=df[[' X0' ,' X1' ]]. values
y=df[' Y' ]. values
lr=0. 0003 #学习率
num_iter=3000 #迭代次数
#训练
L=Logistic_Regression(x,y,lr,num_iter)
print(L)
plt. figure(figsize=(10,6))
plt. scatter(df[' X0' ],df[' X1' ],c=df[' Y' ])
x1_min,x1_max=df[' X0' ]. max(),df[' X0' ]. min(),
x2_min,x2_max=df[' X1' ]. min(),df[' X1' ]. max(),
xx1,xx2=np. meshgrid(np. linspace(x1_max,x1_min),np. linspace(x2_max,x2_min))
grid=np. c_[xx1. ravel(),xx2. ravel()]
probs=(np. dot(grid,np. array([L[1][1:5]]). T) + L[1][0]). reshape(xx1. shape)
plt. contour(xx1,xx2,probs,levels=[0],linewidths=1,colors=' red' );
#绘制损失函数变化曲线
def Logistic_Regression(x,y,lr,num_iter):
    intercept=np. ones((x. shape[0],1))    #初始化截距为 1
    x=np. concatenate((intercept,x),axis=1)
    w=np. zeros(x. shape[1])    #初始化参数为 1
    l_list=[]    #保存损失函数值
    for i in range(num_iter):    #梯度下降迭代
        z=np. dot(x,w)    #线性函数
        h=sigmoid(z)    #sigmoid 函数
        g=gradient(x,h,y)    #计算梯度
        w - =lr *  g    #通过学习率 lr 计算步长并执行梯度下降
        z=np. dot(x,w)    #更新参数到原线性函数中
        h=sigmoid(z)    #计算 sigmoid 函数值
        l=loss(h,y)    #计算损失函数值
        l_list. append(l)
    return l_list
lr=0. 00005    #学习率
num_iter=5000    #迭代次数
l_y=Logistic_Regression(x,y,lr,num_iter)    #训练
```

```
#绘图
plt.figure(figsize=(10,6))
plt.plot([i for i in range(len(l_y))],l_y)
plt.title('空气质量状态逻辑回归')
plt.xlabel("迭代次数")
plt.ylabel("损失函数")
plt.show()
```

本章小结

本章主要介绍了使用Python编写天气预测模型的方法和目的，首先讨论了人工智能对生活的影响，并指出天气预测作为一个重要应用，接着强调了Python作为高级编程语言在天气预测中的地位，它已成为实现天气预测的默认语言之一。

本章习题

1. SVM算法的中文名称是(　　)。

A. 支持向量机　　　　　　　　　　B. 软间隔分类器

C. 硬间隔分类器　　　　　　　　　D. 随机森林

2. 随机森林算法中，每棵决策树的训练数据集是从原始数据集的哪个部分得到的？
(　　)

A. 所有样本　　　　　　　　　　　B. 随机抽取的样本

C. 非随机抽取的样本　　　　　　　D. 所有特征

3. SVM算法用于哪一类问题？(　　)

A. 多分类问题　　　　　　　　　　B. 回归问题

C. 聚类问题　　　　　　　　　　　D. 二分类问题

4. 简述决策树算法的原理和应用场景。

5. 简述SVM算法的原理和应用场景。

6. 简述随机森林算法的原理、优势和应用场景。

习题答案

1. A。　2. B。　3. D。

4. 决策树算法的原理是基于信息增益或基尼指数等准则，从原始数据集中选择最优的特征子集，建立一棵二叉树模型。其应用场景包括金融风险评估、医学诊断、图像识别等。

5. SVM算法的原理是基于支持向量的概念，将数据映射到高维空间中，使在新的更高维度的空间中，线性可分的数据集被映射到超平面上。其应用场景包括文本分类、图像识别、语音识别等。

6. 随机森林算法的原理是将多个决策树模型进行集成，通过投票或平均的方式得到最终的分类结果。其优势包括可以处理大规模数据集，具有较好的鲁棒性和抗噪声能力，可以处理非线性问题和高维数据等。其应用场景包括金融风险评估、医疗诊断、图像识别等。

第 16 章

房价预测

章前引言

房价预测是机器学习中比较常见的任务之一，它对于房地产业来说具有重要的意义。利用机器学习算法来预测房价，可以更准确地判断房地产市场趋势和价格走向，帮助投资者作出更明智的决策。本章将介绍如何使用 Python 来实现房价预测模型。

教学目的与要求

学习如何使用 Python 编写房价预测模型；掌握 Python 的基础知识和编程能力，并深入了解机器学习中的一些基础知识，如数据预处理、特征提取、模型训练和预测等。

学习重点

1. Python 的基本语法和编程技巧。
2. 机器学习中的一些基础知识，如数据预处理、特征提取、模型训练和预测等。
3. 房价预测的基本原理，使用 Python 编写相应的程序。

学习难点

1. 需要进行数据清洗和处理，包括特征选择、缺失值填充、数值归一化等。
2. 需要了解和应用常见的回归算法，如线性回归、决策树回归、随机森林回归等。
3. 需要进行模型评估和优化，包括交叉验证、网格搜索等方法。

素养目标

1. 培养自主学习的能力，成为具有独立思考和解决问题能力的人才。
2. 培养合作学习和多元化思维的能力，能够充分利用各种资源和人脉关系，并进行多维度的思考。

3. 培养运用计算机科学理论和技术的能力，了解如何使用计算机科学知识来解决实际的问题。

▶▶|16. 1 案例基本信息 ▶▶▶

本案例将对线性回归模型以及岭回归模型所用到的基本理论知识进行简单介绍，并将两种算法应用到波士顿房价预测上，以便读者能够更深入地了解线性回归模型和岭回归模型。

1. 案例涉及的基本理论知识点

线性回归假设数据之间存在线性关系，可以用线性方程进行拟合。线性回归模型的目标是找到一条最好的拟合直线，使预测值尽可能地接近真实值，其回归常用的求解方法是最小二乘法，即找到一组参数，使预测值与真实值之间的误差平方和最小。判断线性回归模型的好坏可以用评估标准，如均方误差、平均绝对误差等。

在多元线性回归中，需要考虑多个自变量之间的相关性，可以用相关系数矩阵（又称相关度矩阵）来评估自变量之间的相关性。如果自变量之间存在共线性，就可以通过正则化方法来解决，如岭回归和 LASSO 回归。在应用线性回归模型时，需要进行数据预处理，包括数据清洗、特征选择和特征缩放等步骤。

岭回归是一种线性回归的正则化方法，用于解决多重共线性问题。岭回归的目标是最小化线性回归的误差和，同时对系数加上 L2 正则化。L2 正则化通过对系数的平方和惩罚来限制系数的大小，使系数更平滑，有助于防止过拟合。

岭回归的求解方法有最小二乘法、梯度下降法等。在使用岭回归之前，需要进行特征缩放，以让不同特征具有相同的规模。岭回归的超参数是正则化参数 α，通过交叉验证等方法来确定最优的超参数值。在应用岭回归时，还需要注意处理与因变量相关性较强的自变量。

2. 案例使用的平台、语言及库函数

平台：PyCharm。

语言：Python。

库函数：matplotlib、numpy、pandas、tkinter。

▶▶|16. 2 案例设计方案 ▶▶▶

本节主要对房价预测的步骤及其创新点进行介绍。

1. 案例描述

房价预测的步骤如下。

（1）收集和准备数据，包括历史房价、特征数据等。

（2）特征选择。用最小二乘房价评估模型进行特征选择，从房龄、楼层数、厕所数、卧室数、房屋面积、房价中选择对房价预测来说最重要的特征。

(3)划分数据、创建模型。通过 X_train、y_train、X_test 对数据进行预处理，将数据划分为训练集和测试集，选择适合任务的算法，如线性回归，然后创建模型。

(4)预测和评估。使用测试数据集对模型进行评估和预测，评估模型的准确性和泛化能力。

最小二乘法是基于均方误差最小化来进行模型求解的方法，其主要思想是选择未知参数，使真实值与预测值之差的平方和达到最小。在线性回归中，最小二乘法就是试图找到一条线，使所有样本到直线上的欧氏距离之和最小。求解 w、b，使损失函数最小化的过程，称为线性回归模型的最小乘参数估计。将 E 分别对 w、b 求导，并令偏导等于 0。

线性回归用于呈现特征与房价的关系，从而明确哪个特征更影响房价的升降。本案例发现房龄与房价的关系并不明显，房屋面积与房价的关系最明显，其次是厕所数与房价的关系。因此线性回归呈现了房价与房屋面积的关系，但影响房价的还有其他特征，为此引进岭回归预测，探究房价与其他特征的关系。

岭回归使用实例化对象，建立窗口，给窗口的可视化命名，设定窗口的大小(长×宽)，在图形界面上设定输入框控件并放置，定义触发事件，创建并放置一个按钮，创建并放置一个多行文本框用以显示，主窗口循环显示。

2. 案例创新点

(1)特征工程。在进行回归预测之前，可以对原始数据进行特征工程，提取更多有用的特征。

(2)岭回归的使用。岭回归是一种正则化方法，在进行岭回归预测时可以有效地应对特征维度较高导致的过拟合问题。尝试将岭回归与线性回归和最小二乘法相结合，以获得更加准确和鲁棒的预测结果。

(3)模型融合。将多个模型的预测结果进行融合，可以在保证预测准确度的同时提升模型的鲁棒性和泛化能力。可以考虑将最小二乘法、线性回归和岭回归 3 种方法的预测结果进行加权融合，以获得更加可靠的房价预测结果。

▶▶| 16.3　案例实现 ▶▶ ▶

本案例设置了带 6 个标签的 21 614 个数据，并用最小二乘法和岭回归法对这些数据进行线性回归分析。

1. 案例数据样例或数据集

本案例所用数据集如下(ages 表示房龄, sguare 表示房屋面积, floors 表示楼层数, bedrooms 表示卧室数, bathrooms 表示厕所数, price 表示房价)。

ages	square	floors	bedrooms	bathrooms	price
66	109. 62	1	3	1	142. 02
70	238. 76	2	3	2. 25	344. 32
88	71. 53	1	2	1	115. 2
56	182. 09	1	4	3	386. 56

34	156.08	1	3	2	326.4
20	503.53	1	4	4.5	784
26	159.33	2	3	2.25	164.8
58	98.48	1	3	1.5	186.78
61	165.37	1	3	1	146.88
18	175.59	2	3	2.5	206.72
56	330.73	1	3	2.5	424
79	107.77	1	2	1	299.52
94	132.85	1.5	3	1	198.4
44	127.28	1	3	1.75	256
121	168.15	1.5	5	2	339.2

选择随机设置的两个标签的数据进行分析，以房屋面积为自变量，以房价为因变量，确定它们之间的线性关系，从而得到拟合度、截距以及斜率。

2. 案例代码

本案例第一部分的代码如下：

```
#- * - coding: utf- 8 - * -
import numpy as np
import pandas as pd
import matplotlib. pyplot as plt
from sklearn. model_selection import train_test_split
from sklearn import linear_model
import tkinter as tk
df=pd. read_csv(r"house_data. csv")
#定义训练集、测试集
train_data,test_data=train_test_split(df,train_size=0. 8,random_state=3)
#定义训练数据列
X_train=np. array(train_data[' square' ],dtype=pd. Series). reshape(- 1,1)
y_train=np. array(train_data[' price' ],dtype=pd. Series)
#定义测试数据列
X_test=np. array(test_data[' square' ],dtype=pd. Series). reshape(- 1,1)
y_test=np. array(test_data[' price' ],dtype=pd. Series)
lr=linear_model. LinearRegression()#选择模型
lr. fit(X_train,y_train)#训练模型
pred=lr. predict(X_test)#预测、推断
#图表显示
plt. scatter(X_test,y_test)#散点图
plt. plot(X_test,pred,color=' r' )
plt. show()
```

```
intercept＝float(lr. intercept_)#截距
coef＝float(lr. coef_)#系数
X＝np. array(df['square']). reshape(−1,1)#计算模型评分
print(lr. score(X,df['price']))
print('Intercept: {}'. format(intercept))
print('Coefficient: {}'. format(coef))
#第1步，实例化object，建立窗口
window＝tk. Tk()
#第2步，给窗口的可视化命名
window. title('房价预测计算器-最小二乘法')
#第3步，设定窗口的大小(长×宽)
window. geometry('500x300')    #这里的乘是小x
#第4步，在图形界面上设定输入框控件并放置
a＝tk. Label(window,text="房屋面积:")
a. place(x='30',y='50',width='80',height='40')
e＝tk. Entry(window,show=None)#显示成明文形式
e. place(x='120',y='50',width='180',height='40')
#第5步，定义触发事件
def calculate(): #在鼠标指针处输入内容
var＝e. get()
ans＝coef*  float(var)+intercept
ans='%. 2f' % ans
result. set(str(ans))
#第6步，创建并放置一个按钮，单击按钮时要调用的函数或方法
b1＝tk. Button(window,text='预测房价',width=10,height=2,command=calculate)
b1. place(x='320',y='50',width='100',height='40')
#第7步，创建并放置一个多行文本框用以显示
w＝tk. Label(window,text="预测房价(万元):")
w. place(x='30',y='150',width='120',height='50')
result＝tk. StringVar()
show_dresult＝tk. Label(window,bg='white',fg='black',font=('Arail','16'),bd='0',textvariable=result,
anchor='e')
show_dresult. place(x='200',y='150',width='250',height='50')
#第8步，主窗口循环显示
window. mainloop()
```

本案例第二部分的代码如下：

```
#- * - coding: utf- 8 - * -
import pandas as pd
from sklearn. model_selection import train_test_split
from sklearn import linear_model
import tkinter as tk
```

```python
df_dm=pd. read_csv(r"house_data. csv")

train_data_dm,test_data_dm=train_test_split(df_dm,train_size=0. 8,random_state=3)

features=[' square' ,' bedrooms' ,' floors' ]

complex_model_LR=linear_model. LinearRegression()

complex_model_LR. fit(train_data_dm[features],train_data_dm[' price' ])

pred1=complex_model_LR. predict(test_data_dm[features])

intercept=float(complex_model_LR. intercept_)

coef=list(complex_model_LR. coef_)

print(' Intercept: {}' . format(intercept))

print(' Coefficients: {}' . format(coef))

#计算模型评分

print(complex_model_LR. score(df_dm[features],df_dm[' price' ]))

#第 1 步，实例化 object，建立窗口

window=tk. Tk()

#第 2 步，给窗口的可视化命名

window. title(' 房价预测计算器- 岭回归法' )

#第 3 步，设定窗口的大小(长×宽)

window. geometry(' 500x350' )    #这里的乘是小 x

#第 4 步，在图形界面上设定输入框控件并放置

a=tk. Label(window,text="房屋面积:")

a. place(x=' 30' ,y=' 50' ,width=' 80' ,height=' 40' )

e=tk. Entry(window,show=None) #显示成明文形式

e. place(x=' 120' ,y=' 50' ,width=' 180' ,height=' 40' )

b=tk. Label(window,text="楼层数:")

b. place(x=' 30' ,y=' 120' ,width=' 80' ,height=' 40' )

f=tk. Entry(window,show=None) #显示成明文形式

f. place(x=' 120' ,y=' 120' ,width=' 180' ,height=' 40' )

c=tk. Label(window,text="卧室数:")

c. place(x=' 30' ,y=' 190' ,width=' 80' ,height=' 40' )

g=tk. Entry(window,show=None) #显示成明文形式

g. place(x=' 120' ,y=' 190' ,width=' 180' ,height=' 40' )

#第 5 步，定义触发事件

def calculate():

#在鼠标指针处输入内容

var1=e. get()

var2=f. get()

var3=g. get()

var4=g. get()

ans=coef[0]*  float(var1)+coef[1]*  float(var2)+coef[2]*  float(var3)+intercept

ans=' %. 2f' % ans

result. set(str(ans))

#第 6 步，创建并放置一个按钮

b1=tk. Button(window,text=' 预测房价' ,width=10,hcight=2,command=calculate)
```

```
b1. place(x=' 350' ,y=' 120' ,width=' 100' ,height=' 40' )
#第 7 步，创建并放置一个多行文本框用以显示
w=tk. Label(window,text="预测房价 ( 万元 ) :")
w. place(x=' 30' ,y=' 250' ,width=' 120' ,height=' 50' )
result=tk. StringVar()
show_dresult=tk. Label(window,bg=' white' ,fg=' black' ,font=(' Arail' ,' 16' ),bd=' 0' ,textvariable=result,
anchor=' e' )
show_dresult. place(x=' 200' ,y=' 250' ,width=' 250' ,height=' 50' )
#第 8 步，主窗口循环显示
window. mainloop()
```

3. 案例结果

上述代码的运行结果如图 16-1~图 16-5 所示，分别表示了房龄、房屋面积、楼层数、卧室数，以及厕所数与房价的线性回归关系。

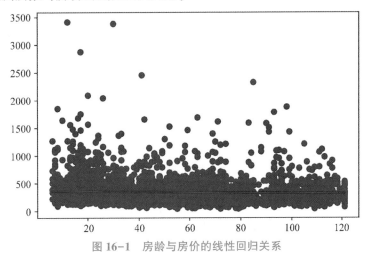

图 16-1　房龄与房价的线性回归关系

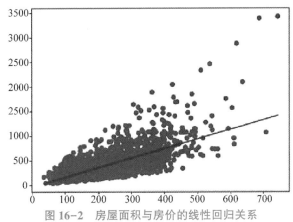

图 16-2　房屋面积与房价的线性回归关系

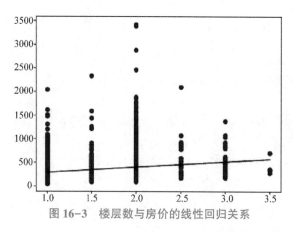

图 16-3　楼层数与房价的线性回归关系

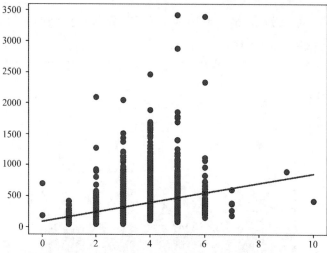

图 16-4　卧室数与房价的线性回归关系

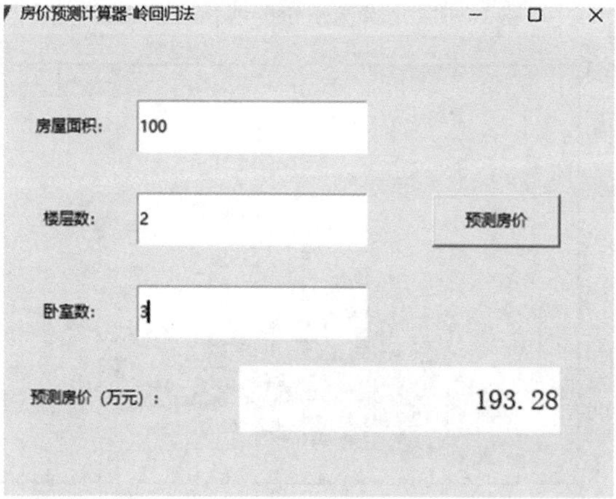

图 16-5　厕所数与房价的线性回归关系

　　由运行结果可知，房龄与房价的关系并不明显，房屋面积与房价的关系最明显，其次是厕所数与房价的关系。

　　线性回归呈现了房价与房屋面积的关系，但实际上影响房价的特征不止房屋面积，还有厕所数和卧室数，当然还有其他一些特征。

建立的房价预测计算器窗口，如图 16-6 和图 16-7 所示。

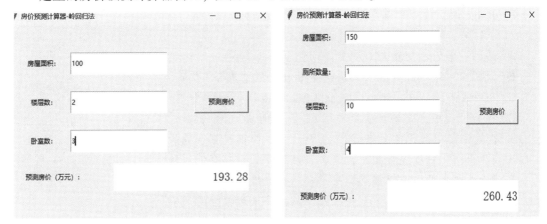

图 16-6 房价预测计算器窗口(1)　　　　图 16-7 房价预测计算器窗口(2)

模型的决定系数(代表模型的拟合程度)计算结果如图 16-8 和图 16-9 所示。

```
Intercept: 47.02392807067076
Coefficients: [2.1691657956989374, -35.98410547004213, 0.4343514547596392]
0.506792486430427
```

图 16-8 模型的决定系数计算结果(1)

```
Intercept: 46.422318319089186
Coefficients: [2.148847751477631, 3.8295367478750713, -36.39784822959454, -1.0193900705410899]
0.5068843697384766
```

图 16-9 模型的决定系数计算结果(2)

图 16-6 选取了房屋面积、楼层数以及卧室数 3 个特征进行房价预测，图 16-7 选取了房屋面积、厕所数、楼层数以及卧室数 4 个特征进行房价预测。图 16-8 将计算出来的房屋面积、楼层数以及卧室数作为特征进行房价的预测，结果为 50.679%；图 16-9 将计算出来房屋面积、厕所数、楼层数以及卧室数作为特征进行房价的预测，结果为 50.688%。

本章小结

本章主要介绍了使用 Python 编写房价预测模型的方法和目的。房价预测是机器学习中常见且具有重要意义的任务之一，对房地产业来说尤为重要。通过利用机器学习算法来预测房价，可以更准确地判断房地产市场趋势和价格走向，帮助投资者作出更明智的决策。

本章提供了一个全面的指南，介绍如何使用 Python 编写房价预测模型，并使用实用的技术和相关工具库进行全面分析。

本章习题

1. 下列关于线性回归的说法中，正确的是(　　　)。

A. 线性回归假设因变量与自变量之间完全线性相关

B. 在线性回归中，我们可以任意选择自变量的数量

C. LASSO 回归是一种基于 L1 正则化的线性回归方法

D. Ridge 回归是一种基于 L2 正则化的线性回归方法

2. 下列关于岭回归的说法中，正确的是(　　)。

A. 岭回归假设因变量与自变量之间完全线性相关

B. 岭回归可以通过减小权重的绝对值来避免过拟合

C. 在岭回归中，需要对权重进行 L1 正则化

D. 在岭回归中，需要对权重进行 L2 正则化

3. 在岭回归中，为什么使用 L2 正则化可以降低过拟合的风险？(　　)

A. L2 正则化可以使模型更加简单，从而降低过拟合的风险

B. L2 正则化可以使权重更加平滑，从而降低过拟合的风险

C. L2 正则化可以使权重更加集中，从而降低过拟合的风险

D. L2 正则化可以使权重更加随机，从而降低过拟合的风险

4. 在最小二乘法中，为什么要对预测值与实际值之间的差平方进行求和？(　　)

A. 为了使损失函数具有单调递增性质

B. 为了使损失函数具有凸凹性

C. 为了使损失函数能够最小化预测值与实际值之间的差异

D. 以上都不是

5. 什么是线性回归？简述其原理。

6. 什么是岭回归？它与线性回归有什么不同？

习题答案

1. A、C、D。　2. D。　3. C。　4. C。

5. 线性回归是一种用于建立自变量和因变量之间线性关系的统计方法。其基本原理是使预测值与真实值之间的误差平方和最小化，来估计模型参数(权重)。在线性回归中，假设模型是线性的，即因变量可以表示为自变量的线性组合加上一个误差项。

6. 岭回归是一种改进的线性回归方法，通过在损失函数中添加一个 L2 正则化(权重的平方和)，来防止过拟合。因此，岭回归相较于线性回归具有更强的泛化能力，尤其是在特征数量较多或特征之间存在多重共线性时。

第 17 章

泰坦尼克号生存预测

📖 章前引言

当泰坦尼克号于 1912 年沉没时，这场灾难震惊了世界。许多人在这场灾难中失去了生命，但也有一部分人幸存了下来。自此以后，泰坦尼克号的故事一直受到人们的关注和探究，其中包括使用数据分析方法对生还率进行预测。本章将介绍泰坦尼克号生存预测的理论基础和实际操作方法，探讨预测结果的准确性和可靠性，并帮助读者更好地理解数据分析和预测方法的应用。

📖 教学目的与要求

了解数据分析与预测的基本理论和应用方法；掌握泰坦尼克号生存预测在数据分析领域的应用及其意义；掌握基本的数据分析和预测技能，培养对数据的敏锐性和独立思考的能力。

📖 学习重点

1. 学会利用 Python 编写实现泰坦尼克号生存预测的代码，掌握数据处理和可视化技能。
2. 理解泰坦尼克号生存预测的数据分析方法及其应用意义。
3. 熟悉统计学中常见的分类和回归模型，并能对其进行评价与选择。
4. 学会数据清洗和预处理，能够对所收集到的数据进行有效分析。
5. 能够对数据的准确性和可靠性进行评估，并对所得到的结论进行解释。
6. 能够独立思考、快速学习和有效解决实际问题，具有应用与实践能力。

📖 学习难点

1. 数据处理和填充，保证数据的完整性和准确性。这需要掌握一些高级的数据清洗和处理技术，如数据插补、数据过滤等方法。
2. 模型选择和评估。泰坦尼克号生存预测需要运用多种分类和回归模型进行预测，如线性回归、逻辑回归、神经网络、KNN、随机森林、SVM 等。这需要对每种模型的特点、应用场景和局限性有深刻的理解，以便进行模型的选择和评估。

3. 选择合适的评价指标。不同算法的评价指标不同，一些算法的精度高但时间较久，而一些算法的精度略低但时间短，所以需要选择合适的评价指标，从而选择合适的算法。

4. 模型融合。对于较为复杂的预测模型，如神经网络、SVM 等，往往需要进行模型融合操作，如 Bagging、AdaBoost、Stacking 模型等。这需要了解每种模型融合方法的原理和应用场景，以便进行模型融合操作。

5. 数据可视化。在数据分析和预测过程中，数据可视化的重要性不言而喻。因此，需要掌握一些数据可视化操作技术，如 matplotlib、seaborn 等，以便更好地理解数据的关系和趋势，并能对数据进行探索性分析、特征分析等。

6. 对每一种模型实现的细节和调参。每一种模型在实现时都有一些细节和调参上的特点，需要花费时间进行钻研，让其达到最佳状态。

素养目标

1. 自我学习。在本案例中可能会接触到不熟悉的技术和工具库，需要具备自我学习的能力。能够高效地搜索资料，并通过解决实践问题来提升自己的技能。

2. 团队合作。在本案例中，可能需要与其他成员进行沟通、协作。需要具备沟通、协商、协作等能力，以便高效地完成任务。

▶▶▶ 17.1 案例基本信息 ▶▶ ▶

泰坦尼克号生存预测案例是一个经典的实战项目，在数据分析与机器学习领域中得到了广泛应用和讨论。本案例的基础数据包含泰坦尼克号的乘客列表及其个人信息（如年龄、性别、船舱等级等），并注明了他们是否幸存下来。需要利用这些信息来建立一个预测模型，从而预测其他未知乘客是否能够幸存下来。

整个案例包括了数据预处理、特征工程、模型选择和训练、模型评估和优化、多模型融合预测等多个步骤。在数据预处理方面，需要对数据进行清洗，去除重复数据、处理缺失值等；在特征工程方面，需要进行特征选择和特征创造，利用各种算法和方法对数据进行转换和处理；在模型选择和训练方面，需要使用各种分类和回归模型来预测，包括逻辑回归、决策树、随机森林等；在模型评估和优化方面，需要使用各种评价指标和方法，如交叉验证、ROC 曲线、混淆矩阵等，来评估模型的性能并优化其参数和结构；最后，需要使用多模型融合预测技术来对模型结果进行加权融合，以提高预测的准确性。

1. 案例涉及的基本理论知识点

1) 数据划分方法

(1) 留出法。机器学习中常用的数据集划分方法之一，它将数据集划分为训练集和测试集。在模型训练阶段，使用训练集进行模型学习，然后使用测试集评估模型的性能。通过留出法，能够检测到模型是否过拟合或欠拟合。将数据集划分为训练集和测试集，并按照指定的比例进行划分，相应代码如下：

```
x_train,x_test,y_train,y_test=train_test_split(x_data,y_data,test_size=0.3,random_state=0)
```

使用 train_test_split 函数将数据集 x_data 和 y_data 按照 3∶7 的比例随机分成训练集和测试集。

x_train 和 y_train 是训练集的数据和标签，x_test 和 y_test 是测试集的数据和标签。

test_size 参数指定了测试集所占的比例，即30%。

random_state 参数用于设置随机数发生器的状态，保证每次随机划分数据集的结果相同。

（2）k折交叉验证法。机器学习中常用的数据集划分和评估模型性能的方法。该方法将数据集分成 k 个互斥的子集，称为折，每次选取其中一个子集作为测试集，剩下的 $k-1$ 个子集作为训练集，进行 k 次训练和测试，最后将 k 次的测试结果进行平均或加权平均得到最终结果。

使用 k 折交叉验证法对模型进行评估的格式如下：

```
scores=cross_val_score(model,x_data,y_data,cv=5)
```

cross_val_score 函数接受一个模型（model）、输入数据（x_data）和输出数据（y_data），并使用 cv 指定的次数进行交叉验证，返回一个包含所有得分的数组。

（3）自助法。机器学习中常用的数据集划分方法之一，它可以通过自主采样来创建多个不同的数据集，以此来评估模型的性能。

使用自助法来划分数据集，得到 100 个样本，格式如下：

```
x_boot,y_boot=resample(x_data,y_data,replace=True,n_samples=100)
```

resample 函数接受两个数组 x_data 和 y_data，replace=True 表示采用有放回抽样，n_samples 指定采样的样本数（这里是 100 个）。

2）模型评测方法

（1）召回率。召回率也称为真正率，它是分类器正确识别出 positive 类别样本的比例，度量了一个类别中实际 positive 样本被分类器正确分类的覆盖率。

（2）精准率。精准率指分类器正确预测 positive 样本的能力，即分类器预测为 positive 样本中实际 positive 样本的比例。

（3）F_1 得分。F_1 得分综合了分类器的召回率和精准率，它是这两个指标的调和平均数。调和平均数更能够综合评估分类器的性能，尤其是在处理极度不平衡数据时，F_1 得分更能反映分类器的真实性能。

（4）准确率。准确率指分类器分类正确的样本数占总样本数的比例，它能够直观地反映分类器的整体性能，但是在处理不平衡数据时，并不能很好地反映分类器的真实性能。

（5）ROC AUC 得分。ROC 曲线是一种在二分类问题中被广泛使用的方法，ROC AUC 得分就是 ROC 曲线下的面积，它度量了分类器将正例排在反例前面的能力。ROC AUC 得分越高，说明分类器的性能越好。

（6）对数损失。对数损失用来评估分类器概率预测模型的指标，它与分类器预测结果的概率密切相关，对数损失越小，表示分类器模型越准确。

3）机器学习算法

（1）线性回归。这是一种用于回归分析的基础机器学习算法，它是指通过对输入数据集中的自变量与因变量的线性关系进行建模来预测连续的因变量。线性回归模型可以用于探索两个变量之间的相关性，并用于预测一个连续的因变量和一个或多个自变量之间的关系。线性回归模型的预测结果是连续的且没有上下限，因此可以用于预测任意实数值的因变量，如预测房屋价格、销售量、收入等。

（2）逻辑回归。对数回归的一种实现方式，用于处理二分类问题。它将输入数据通过线性组合得到一个数值，再将数值通过一个指数和对数映射转化为一个概率值，用于进行二分类预测。

（3）神经网络。这是一种模仿人类神经系统工作方式并进行计算的深度学习模型。它由一系列节点和连接组成，输入经过多层权重的变换得到最终结果，常用于解决分类和回归问题。神经网络在图像识别、语音识别、自然语言处理等领域得到了广泛的应用。

（4）KNN。这是一种无参数的、基于距离的分类算法，用于分类和回归任务。它以欧氏距离为标准度量两个实例之间的相似度，基于距离的远近确定待分类实例所属的类别。KNN简单易懂，需要保存全部的数据样本，对于高维数据，其易受维度灾难的影响。

（5）决策树。这是一种常用的分类和回归算法，它通过递归地构建树形结构来完成分类或回归任务。决策树的节点表示一个属性或特征，从根节点到叶子节点表示从输入到输出的映射。在分类任务中，通过对样本进行递归划分，将样本分配到最终的叶子节点中，从而将样本进行分类；在回归任务中，通过对样本进行递归划分，将样本映射到叶子节点，从而对样本进行回归预测。

（6）随机森林。这是一种集成学习算法，将多个决策树模型进行组合，形成一个能够完成分类、回归等多种任务的大模型。它具有很好的拟合能力和鲁棒性，能够在高维度、高噪声数据下取得不错的性能表现。

（7）SVM。这是一种有监督学习算法，主要用于分类和回归任务。它通过在特征空间上建立一个分隔超平面来进行分类，对于非线性问题，可以通过核函数对样本进行非线性映射，将其转化为线性问题进行处理。SVM具有泛化性能好、鲁棒性强、对于小样本学习效果很好等优点。

SVM核函数是一种数学技巧，它允许在低维空间中运行算法来处理高维空间中的数据。核函数实际上是一个相似函数，它度量了两个数据点之间的相似程度。

① 线性核函数用于将数据映射到同一维度的高维空间，在原始空间中计算超平面，用于线性可分离数据的分类。其主要用于处理线性问题和高维数据。

② 多项式核函数用于将数据映射到更高的维空间，使用多项式函数来提高分类器的准确性，尤其适用于一个数据集中的、特征数较少的情况，但需要运行很长时间以使模型达到最优状态。其主要用于处理多项式可分离数据。

③ 高斯核函数又称径向基函数（Redial Basis Function，RBF），它将数据映射到无限维空间中，处理非线性可分离数据较好，通常应用于处理维数较少的数据集。其主要用于分类和回归。

④ sigmoid核函数用于将数据进行非线性变换，使用sigmoid函数来实现，通常情况下，sigmoid函数被理解为激活函数，但在sigmoid核函数中，它被用作核函数。它比较适合二元分类和没有太多噪声的数据集，主要用于图像处理和肿瘤检测。

（8）Bagging模型。这是一种集成学习算法，通过对原始样本进行有放回抽样，生成多个不同的训练样本集，然后分别使用这些样本集训练出多个基模型，并将多个基模型的预测结果采用加权投票或平均等方式，得到最终的预测结果。Bagging模型能够降低模型的方差，防止过拟合。

（9）AdaBoost 模型。这是一种集成学习算法，通过对每个样本加权，训练多个基分类器，然后按照每个基分类器的表现给予不同的权重，最后将多个基分类器的预测结果采用加权投票或加权平均等方式，得出最终的预测结果。AdaBoost 模型能够提高模型的准确率，不易被过拟合所影响。

（10）Stacking 模型。这是一种集成学习算法，通过训练多个不同的基模型，并将这些基模型的预测结果作为特征，再使用元学习器来训练得出最终的预测结果。Stacking 模型结合了多个弱分类器的优点，能够提高模型的准确率和鲁棒性。

2. 案例使用的平台、语言及库函数

平台：PyCharm。

语言：Python。

库函数：sklearn、pandas、mlxtend。

▶▶ 17.2　案例设计方案 ▶▶ ▶

1. 案例描述

根据泰坦尼克号事件的历史数据，通过对数据进行清洗、分析和预测，来预测某位乘客在事故中生还的可能性。

2. 案例创新点

本案例采用了多种分类和回归模型进行生存预测，如神经网络、随机森林、逻辑回归等。通过采用模型融合方法，将多个相对较强的分类模型进行融合，得到更为准确的预测结果。这种多模型融合预测方法，比单一模型预测方法更为精确和可靠。

▶▶ 17.3　案例实现 ▶▶ ▶

1. 案例数据样例或数据集

（1）案例数据来源。

泰坦尼克号生存预测案例的数据来源于泰坦尼克号事件的历史数据。这些数据收集于 1912 年 4 月 15 日，当时泰坦尼克号在首航时撞上冰山后沉没，共造成 1 514 人死亡，以及 2 208 名乘客和船员生还。这些数据被广泛应用于数据科学和机器学习领域，成为学生、数据分析师和数据科学家的学习和实践素材。

这些数据包括了泰坦尼克号上每名乘客的个人信息、船舱等级、旅行信息、家庭关系、生还情况等。这些数据被精心地收集、整理和验证，同时包含了一些缺失值和异常值，需要进行数据清洗和预处理，以保证数据的准确性和可靠性。

（2）案例数据描述。

泰坦尼克号生存预测数据集包含了 891 名泰坦尼克号乘客的个人信息和是否生还的记录信息，其中包括以下 11 个特征。

PassengerId：乘客编号。

Survived：是否生还（0 表示未生还，1 表示生还）。

Pclass：船舱等级（1/2/3，代表 1 等舱、2 等舱、3 等舱）。

Name：乘客姓名。

Sex：乘客性别。

Age：乘客年龄。

SibSp：同船兄弟姐妹或配偶的人数。

Parch：同船父母或子女的人数。

Ticket：船票编号。

Fare：船票价格。

Embarked：乘客上船的港口（C/Q/S，代表 Cherbourg、Queenstown 和 Southampton）。

该数据集有 11 维特征信息，包含了乘客的个人信息、船票信息和是否生还等信息。

2. 案例代码

本案例的代码如下：

```python
import pandas as pd
from sklearn. preprocessing import LabelEncoder,OrdinalEncoder
from sklearn. preprocessing import StandardScaler
#读取数据
titanic=pd. read_csv("titanic_train. csv")
#填充缺失值
titanic["Age"]=titanic["Age"]. fillna(titanic["Age"]. median())
    titanic['Cabin']=titanic['Cabin']. fillna('U')
#提取甲板信息，查看不同甲板的乘客数量
titanic['Deck']=titanic['Cabin']. apply(lambda x: x[0])
    deck_counts=titanic['Deck']. value_counts(sort=False)
#数据类型转换
ordinal_encoder=OrdinalEncoder()
    label_encoder=LabelEncoder()
    titanic['PassengerId']=label_encoder. fit_transform(titanic['PassengerId'])
    titanic['Ticket']=ordinal_encoder. fit_transform(titanic[['Ticket']])
    titanic['Sex']=titanic['Sex']. map({'male': 0,'female': 1})
    titanic["Embarked"]=titanic["Embarked"]. fillna('S')
    titanic['Embarked']=titanic['Embarked']. map({'S': 0,'C': 1,'Q': 2})
#对甲板号进行处理
for dataset in titanic:
        titanic['Deck']=titanic['Cabin']. apply(lambda x: x[0])
    cabin_mapping={"A": 0,"B": 0. 4,"C": 0. 8,"D": 1. 2,"E": 1. 6,"F": 2,"G": 2. 4,"T": 2. 8,"U": 1. 5}
    titanic['Deck']=titanic['Deck']. map(cabin_mapping)
#删除 Cabin、Name 列
titanic=titanic. drop(['Cabin'],axis=1)
    titanic=titanic. drop(['Name'],axis=1)
#选定特征
predictors=["Pclass","Sex","Age","SibSp","Parch","Fare","Embarked","Deck",'Ticket']
    x_data=titanic[predictors]
```

```
            y_data=titanic["Survived"]
#数据类型转换
x_data=x_data. astype(' float64' )    #将数据类型转换为float64
#数据标准化
scaler=StandardScaler()
    x_data=scaler. fit_transform(x_data)
#导入需要用到的库和模块
from sklearn import model_selection
from sklearn. model_selection import train_test_split
from sklearn. utils import resample
from sklearn. linear_model import LinearRegression,LogisticRegression
from sklearn. metrics  import  recall_score, precision_score, f1_score, accuracy_score, roc_auc_score,
log_loss
from sklearn. model_selection import cross_val_score
#建立线性回归模型，并进行7折交叉验证，输出每次验证的得分
lin_reg=LinearRegression()
    scores=cross_val_score(lin_reg,x_data,y_data,cv=7)
print(' 线性回归交叉验证得分: ',scores. mean())
#建立逻辑回归模型，使用 train_test_split 函数进行数据划分，计算各项评估指标得分
clf=LogisticRegression()
    x_train,x_test,y_train,y_test=train_test_split(x_data,y_data,test_size=0. 3)
    clf. fit(x_train,y_train)
    y_pred=clf. predict(x_test)
print(' 召回率: ',recall_score(y_test,y_pred))
print(' 精准率: ',precision_score(y_test,y_pred))
print(' F1 得分: ',f1_score(y_test,y_pred))
print(' 准确率: ',accuracy_score(y_test,y_pred))
print(' ROC AUC 得分: ',roc_auc_score(y_test,y_pred))
print(' 对数损失: ',log_loss(y_test,y_pred))
#用留出法对逻辑回归模型进行评估
x_train,x_test,y_train,y_test=train_test_split(x_data,y_data,test_size=0. 3,random_state=0)
    LR=LogisticRegression()
    LR. fit(x_train,y_train)
    score=LR. score(x_test,y_test)
print(f' 留出法的逻辑回归模型的精确度:{score }' )
#用自助法对逻辑回归模型进行评估
x_boot,y_boot=resample(x_data,y_data,replace=True ,n_samples=100)
    LR=LogisticRegression()
    LR. fit(x_boot,y_boot)
    score=LR. score(x_data,y_data)
print(f' 自助法的逻辑回归模型的精确度:{score }' )
```

```python
#用交叉验证法对逻辑回归模型进行评估
log_model=LogisticRegression()
    log_model.fit(x_data,y_data)
print(f'交叉验证法的逻辑回归模型的精确度:{log_model.score(x_data,y_data)}')
from sklearn.tree import DecisionTreeClassifier
from sklearn.model_selection import cross_val_score
#用交叉验证法对决策树模型进行评估
clf=DecisionTreeClassifier()
    scores=cross_val_score(clf,x_data,y_data,cv=5)
print('交叉验证法的决策树模型的精确度: ',scores.mean())
from sklearn.neural_network import MLPClassifier
#用交叉验证法对神经网络模型进行评估
mlp=MLPClassifier(hidden_layer_sizes=(20,10),max_iter=2000)
    scores=model_selection.cross_val_score(mlp,x_data,y_data,cv=3)
print(f'交叉验证法的神经网络模型的精确度:{scores.mean()}')
from sklearn import neighbors
#用交叉验证法对KNN模型进行评估
knn=neighbors.KNeighborsClassifier(21)
    scores=model_selection.cross_val_score(knn,x_data,y_data,cv=5)
print(f'交叉验证法的KNN模型的精确度:{scores.mean()}')
from sklearn.ensemble import RandomForestClassifier,VotingClassifier
#用交叉验证法对随机森林模型进行评估
RF1=RandomForestClassifier(random_state=1,n_estimators=100,min_samples_split=2)
    scores=model_selection.cross_val_score(RF1,x_data,y_data,cv=3)
print(f'交叉验证法的随机森林模型的精确度:{scores.mean()}')
from sklearn.svm import SVC
#用交叉验证法对SVM模型进行评估
#线性核函数SVM模型
line_svm=SVC(kernel='linear',C=1,gamma='auto')
#多项式核函数SVM模型
poly_svm=SVC(kernel='poly',degree=3,C=1,gamma='auto')
#高斯核函数SVM模型
rbf_svm=SVC(kernel='rbf',C=1,gamma='auto')
#sigmoid核函数模型
sig_svm=SVC(kernel='sigmoid',C=1,gamma='auto')
    scores_line_svm=cross_val_score(line_svm,x_data,y_data,cv=5)
    scores_poly_svm=cross_val_score(poly_svm,x_data,y_data,cv=5)
    scores_rbf_svm=cross_val_score(rbf_svm,x_data,y_data,cv=5)
    scores_sig_svm=cross_val_score(sig_svm,x_data,y_data,cv=5)
print('线性核函数SVM模型的精确度:',scores_line_svm.mean())
print('多项式核函数SVM模型的精确度:',scores_poly_svm.mean())
print('高斯核函数SVM模型的精确度:',scores_rbf_svm.mean())
```

```
print(' sigmoid 核函数 SVM 模型的精确度:' ,scores_sig_svm. mean())
from sklearn. ensemble import BaggingClassifier,AdaBoostClassifier
#用交叉验证法对使用了随机森林个体学习器 Bagging 模型进行评估
bagging_clf=BaggingClassifier(RF1,n_estimators=20)
    scores=model_selection. cross_val_score(bagging_clf,x_data,y_data,cv=3)
print(f' Bagging 模型随机森林个体学习器的精确度:{scores. mean()}' )
#用交叉验证法对使用了 KNN 个体学习器 Bagging 模型进行评估
bagging_clf_knn=BaggingClassifier(knn,n_estimators=10)  #求平均
scores=model_selection. cross_val_score(bagging_clf_knn,x_data,y_data,cv=3)
print(f' Bagging 模型 KNN 个体学习器的精确度:{scores. mean()}' )
#用交叉验证法对使用了决策树个体学习器 AdaBoost 模型进行评估
dt=DecisionTreeClassifier(max_depth=1)
    adaboost_dt=AdaBoostClassifier(base_estimator=dt,n_estimators=10)
    scores=cross_val_score(adaboost_dt,x_data,y_data,cv=5)
print(f' AdBaoost 模型决策树个体学习器的精确度:{scores. mean()}' )
from mlxtend. classifier import StackingClassifier
#用交叉验证法对使用了随机森林 Bagging、AdaBoost with Bagging、RBF SVM 和逻辑回归元分类
器的 Stacking 模型进行评估
bagging_clf=BaggingClassifier(RF1,n_estimators=20) #随机森林 Bagging
    adaboost=AdaBoostClassifier(bagging_clf,n_estimators=10) #Adaboost with Bagging
    rbf_svm=SVC(kernel=' rbf' ,C=1,gamma=' auto' ) #RBF SVM
    LR=LogisticRegression()#逻辑回归
log_model=LogisticRegression() #元分类器
#定义 Stacking 模型
sclf=StackingClassifier(classifiers=[bagging_clf,adaboost,rbf_svm,LR,log_model],
meta_classifier=LogisticRegression())
#对 Stacking 模型进行交叉验证并计算精确度
scores=model_selection. cross_val_score(sclf,x_data,y_data,cv=3)
    mean_score=scores. mean()#计算平均精确度
print(f' Stacking 模型的精确度:{mean_score }' )
```

3. 案例结果

上述代码的运行结果如下:

线性回归交叉验证得分: 0. 3727607330413235
召回率: 0. 6728971962616822
精准率: 0. 72
F1 得分: 0. 6956521739130436
准确率: 0. 7649253731343284
ROC AUC 得分: 0. 7494920763917107
对数损失: 8. 119273513460517
留出法的逻辑回归模型的精确度:0. 8097014925373134
自助法的逻辑回归模型的精确度:0. 7878787878787878

交叉验证法的逻辑回归模型的精确度:0.8013468013468014
交叉验证法的决策树模型的精确度:0.7946268281965979
交叉验证法的神经网络模型的精确度:0.7901234567901234
交叉验证法的 KNN 模型的精确度:0.797991337643588
交叉验证法的随机森林模型的精确度:0.8260381593714928
线性核函数 SVM 模型的精确度: 0.7878601468834348
多项式核函数 SVM 模型的精确度: 0.8103132257862031
高斯核函数 SVM 模型的精确度: 0.8192768815516915
sigmoid 核函数 SVM 模型的精确度: 0.7093214487477246
Bagging 模型随机森林个体学习器的精确度:0.8249158249158249
Bagging 模型 KNN 个体学习器的精确度:0.8035914702581369
AdaBoost 模型决策树个体学习器的精确度:0.7991588726382525
Stacking 模型的精确度:0.8249158249158249

本章小结

本章介绍了泰坦尼克号生存预测案例的相关信息和学习意义,同时详细介绍了数据清洗、数据填充、特征工程、模型选择和训练、模型评估和优化、多模型融合预测等方面的方法与技巧。此外,本章还介绍了留出法、k 折交叉验证法、自助法等模型评估方法,以及多个分类和回归模型的基本原理和优缺点,如线性回归、逻辑回归、神经网络、KNN、决策树、随机森林、SVM、Bagging 模型、AdaBoost 模型、Stacking 模型等。这些知识和技能对于机器学习项目的成功实现至关重要。

本章习题

1. 进行预测任务前,数据预处理的作用是(　　)。

A. 清洗数据并处理缺失值

B. 针对数据进行特征提取

C. 统计和可视化数据,发现数据特点和趋势

D. 根据分类或回归模型的需求,对数据进行划分

2. 以下(　　)不属于特征工程。

A. 特征提取　　　　　　　　　　　B. 特征降维

C. 特征选择　　　　　　　　　　　D. 数据可视化

3. 聚类分析在泰坦尼克号生存预测案例中的主要作用是(　　)。

A. 协助进行数据清洗

B. 减少特征维度和提高特征之间的相似性

C. 筛选出最佳特征变量

D. 对数据进行分类和聚合,误差削减

4. 以下(　　)适用于泰坦尼克号生存预测案例。

A. 聚类分析　　　　　　　　　　　B. 时间序列回归

C. SVM　　　　　　　　　　　　　D. 图像识别神经网络

5. 以下(　　)适用于处理回归预测任务。

A. 决策树

B. 随机森林

C. AdaBoost

D. 神经网络

6. 以下(　　)适合用于处理集成学习。

A. 决策树

B. 朴素贝叶斯

C. AdaBoost

D. KNN

7. 数据清洗在泰坦尼克号生存预测案例中的主要作用是什么？可以使用哪些方法和工具进行数据清洗？

8. 如果数据集中存在缺失值，那么可以采用哪些方法进行填充？简述这些方法的原理和优缺点。

习题答案

1. A。　2. D。　3. B。　4. C。　5. D。　6. C。

7. 数据清洗在泰坦尼克号生存预测案例中的主要作用是清理和转换原始数据，使之变得更加规范和方便处理。数据清洗可以去除重复数据、处理缺失值、清除异常值和无用数据等。在此过程中，可以使用 Python 中的 pandas、numpy 等工具库和方法，如 fillna、drop_duplicates 等。

8. 如果数据集中存在缺失值，那么可以采用以下方法进行填充：常数填充、均值填充、中位数填充、回归填充和多重填充等。其中，常数填充和均值填充简单易行，但不适用于高比重的缺失值；中位数填充更适用于数据含有异常值的情况；回归填充适用于数据特征之间存在一定关系的情况，但可能存在过拟合问题；多重填充可以通过聚类、分组等方法来识别相似数据点，填充更为准确。

参 考 文 献

[1]周志华. 机器学习[M]. 北京：清华大学出版社，2022.

[2]TOM MITCHELL. 机器学习[M]. 北京：机械工业出版社，2008.

[3]李航. 统计学习方法[M]. 北京：清华大学出版社. 2019.

[4]赵卫东，董亮. 机器学习[M]. 北京：人民邮电出版社，2022.

[5]李轩涯，计湘婷，曹焯然. 机器学习实践[M]. 北京：清华大学出版社，2021.

[6]张建伟，陈锐，马军霞，等. Python 机器学习实践[M]. 北京：清华大学出版社，2022.